黑龙江省精品图书出版工程专项资金资助

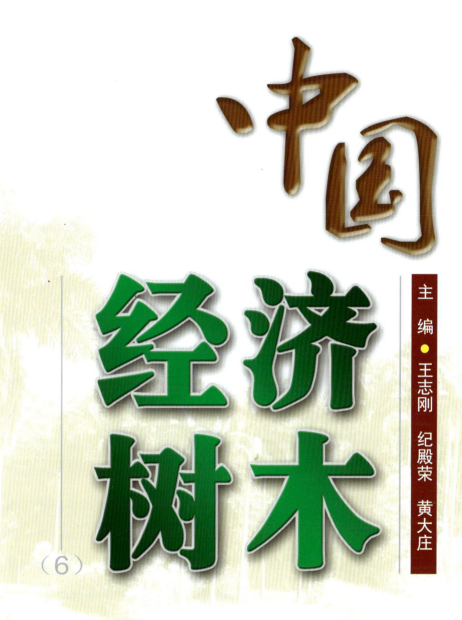

中国
经济树木

（6）

主 编
王志刚 纪殿荣 黄大庄

东北林业大学出版社
Northeast Forestry University Press
·哈尔滨·

图书在版编目（CIP）数据

中国经济树木.6 / 王志刚，纪殿荣，黄大庄主编. — 哈尔滨：东北林业大学出版社，2015.12

ISBN 978-7-5674-0694-0

Ⅰ.①中… Ⅱ.①王… ②纪… ③黄… Ⅲ.①经济植物—树种—中国—图集 Ⅳ.①S79-64

中国版本图书馆CIP数据核字(2015)第316170号

责任编辑：戴　千　姚大彬

责任校对：孙雪玲

技术编辑：乔鑫鑫

封面设计：乔鑫鑫

出版发行：东北林业大学出版社

　　　　　（哈尔滨市香坊区哈平六道街6号　邮编：150040）

印　　装：哈尔滨市石桥印务有限公司

开　　本：889mm×1194mm　1/16

印　　张：15

字　　数：173千字

版　　次：2017年1月第1版

印　　次：2017年1月第1次印刷

定　　价：280.00元

《中国经济树木（6）》

编委会

主　编：王志刚　　纪殿荣　　黄大庄

主　审：聂绍荃　石福臣

副主编：杜克久　　吴京民　　纪惠芳

参　编：李彦慧　　苏筱雨　　孙晓光　　秦淑英　　路丙社

　　　　李永宁　　李会平　　刘冬云　　史宝胜　　聂庆娟

　　　　张　芹　　张晓曼　　韩　旭　　徐学华　　路　斌

　　　　张　雯　　邓　超　　王　兵

摄　影：纪殿荣　　黄大庄　　纪惠芳

前　言 PREFACE

　　我国疆域辽阔，地形复杂，气候多样，森林树木种类繁多。据统计，我国有乔木树种2000余种，灌木树种6000余种，还有很多引种栽培的优良树种。这些丰富的树木资源，为发展我国林果业、园林及其他绿色产业提供了坚实的物质基础，更在绿化国土、改善生态环境方面发挥着不可代替的作用。

　　由于教学和科学研究工作的需要，编者自20世纪80年代初开始，经过30余年的不懈努力，深入全国各地，跋山涉水，对众多的森林植被和树木资源进行了较为系统的调查研究，并实地拍摄了数万幅珍贵图片，为植物学、树木学的教学、科研提供了翔实、可靠的资料。为了让更多的高校师生及科技工作者共享这些成果，我们经过认真鉴定，精选出我国具有重点保护和开发利用价值的经济树木资源，编撰成了"中国经济树木"大型系列丛书，以飨读者。

　　本套丛书以彩色图片为主，文字为辅；通过全新的视角、精美的图片，直观、形象地展现了每个树种的树形、营养枝条、生殖枝条、自然景观、造景应用等；还对每个树种的中文名、拉丁学名、别名、科属、形态特征、生态习性和主要用途等进行了扼要描述。

　　本套丛书具有严谨的科学性、较高的艺术性、极强的实用性和可读性，是一部农林高等院校师生、科研及生产开发部门的广大科技工作者和从业人员鉴别树木资源的大型工具书。

　　本套丛书的特色和创新体现在图文并茂上。过去出版的图鉴类书的插图多是白描墨线图，且偏重于文字描述，而本套丛书则以大量精美的图片替代了繁杂的文字描述，使每种树木直观、真实地跃然纸上，让读者一目了然，这样就从过去的"读文形式"变成了"读图形式"，大大提高了图书的可读性。

　　本套丛书的分类系统：裸子植物部分按郑万钧系统排列，被子植物部分按恩格勒系统排列（书中部分顺序有所调整）。全书分六卷，共选取我国原产和引进栽培的经济树种120余科，1240余种（含亚种、变种、变型、栽培变种），图片4200幅左右。其中（1）、（2）卷共涉及树木近60科，380余种，图片1200幅左右；（3）、（4）卷共涉及树木近90科，420余种，图片1500幅左右；（5）、（6）卷共涉及树木80余科，440余种，图片1500幅左右。为了方便读者使用，我们还编写了中文名称索引、拉丁文名称索引及参考文献。

　　本套丛书在策划、调查、编撰、出版过程中得到河北农业大学、东北林业大学的领导、专家、教授的大力支持和帮助，得到了全国各地自然保护区、森林公园、植物园、树木园、公园的大力支持和协助，还得到了孟庆武、李德林、黄金祥、祁振声等专家的指导和帮助，在此，对所有关心、支持、帮助过我们的单位、专家、教授表示真诚的感谢。

　　限于我们的专业水平，书中不当之处在所难免，敬请读者批评指正。

编　者

2016 年 12 月

目 录 CONTENTS

叶 枝

树 皮

藤黄科
GUTTIFERAE

大叶藤黄
Garcinia xanthochymus Hook. f. ex J. Anderss.

　　藤黄科藤黄属常绿乔木，高达20 m，胸径约45 cm；树皮灰褐色。小枝粗，具棱或窄翅。叶对生，革质，披针状椭圆形、椭圆形或长圆形，长15～35 cm，宽5～10 cm，顶端短尖，基部楔形，无毛，边缘略背卷；叶柄粗，长2～3 cm。花杂性，聚伞花序或数朵成束；萼片及花瓣5；雄蕊多数；雄花具退化雌蕊；雌花具退化雄蕊；子房1室，1胚珠。浆果球形，熟时黄色，被圆形斑点，直径4～5 cm。花期3～5月；果期8～11月。

　　产于广西、云南等地；生于低海拔林中。

　　木材结构细致，供建筑装修、家具等用；茎叶可药用。

树 形

花枝

植株

花坛景观

长柱金丝桃

Hypericum longistylum Oliv.

　　藤黄科金丝桃属落叶小灌木，高约1m。小枝圆。单叶对生，披针形或椭圆形，长1.5～2.5cm，宽0.5～1.2cm，先端钝圆，基部楔形，全缘；叶无柄或近无柄。花两性，单生，黄色，直径1～2cm；萼片披针形，长约5mm；花瓣长约为萼片的3倍；雄蕊与花瓣近等长或略长；花柱长为子房的5倍，先端5裂。蒴果长圆形。花期5～7月；果期9～10月。

　　产于青海、陕西、甘肃、河南、安徽、湖北等地；生于山坡向阳处或沟边湿润处。喜肥沃、湿润土壤。

　　为优良的宿根花卉；全草可入药。

花枝

树 形

猪油果
Pentadesma butyracea Sabine

藤黄科猪油果属常绿乔木，高5～7 m，分枝低，长而平展，树冠圆锥形。小枝深褐色，具纵条纹。叶对生，革质，倒卵状披针形或长圆状披针形，长 (12)24～28 cm，宽 (2)4～6 cm，顶端锐尖或钝，基部楔形或近圆形，表面暗绿色，具光泽，背面粗壮；叶柄粗，长2～3 cm。花单性，雌雄异株；雄花总状花序；雌花单生于叶腋；花大，直径4～6 cm，5基数；花瓣倒卵形或倒披针形，淡黄色；雄花花丝基部联合成5束，每束有雄蕊 (28)30～34；子房长圆形，约与花柱等长。浆果斜卵形，表面有网纹，长10～20 cm，直径5～6 cm。花期11月至翌年6月；果期5～7月。

原产于非洲西部热带沿海地区。我国福建、云南西双版纳有引种栽培。

在产地做食用油料，供作可可油的代用品。

花 枝

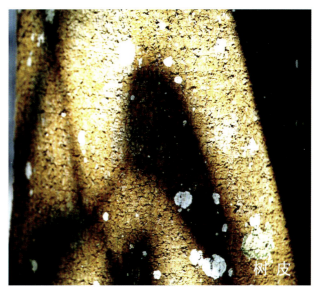

树 皮

树 形

树 皮

果 枝

大风子科
FLACOURTIACEAE

印度大风子

Hydnocarpus kurzii (King) Warb.

　　大风子科大风子属常绿乔木，高5～15(30) m，胸径0.6～1.2 m；树皮灰褐色，不裂。幼枝疏被褐色毛。单叶互生，披针形至长圆状披针形，稀椭圆形，长12～20(30) cm，宽4～8(10) cm，先端渐尖或骤尖，基部楔形，具波状齿，侧脉6～7对；叶柄长0.5～2 cm。花单性；雄花较小；花丝长约4 mm，有毛，无退化雌蕊；雌花通常5～9，呈聚伞状，长约2 cm，腋生或顶生；苞片8，肉质；萼片4，长圆形；花瓣8；有退化雄蕊；子房长圆状球形。浆果圆球形。花期夏季；果期秋、冬季。

　　产于云南勐养镇海拔800 m的密林中。

　　材质优良，可供建筑装修、家具等用；种子可榨油，供药用。

栀子皮

Itoa orientalis Hemsl.

　　大风子科栀子皮属常绿乔木，高达20 m；树皮灰色，不裂。幼枝淡灰色，皮孔明显。单叶互生，长圆状卵形或长圆状倒卵形，长13～40 cm，宽6～14 cm，先端骤尖或渐尖，基部圆，具钝齿，下密被毛，侧脉10～26对；叶柄长3～6 cm。花单性异株；萼片三角状卵形，长0.6～1.5 cm，外被毡毛；无花瓣；雄花序长4～8 cm；雌花单生于枝顶。蒴果木质，椭圆形，长达9 cm，密被毛。花期5～6月；果期10月。

　　产于湖南、广西、贵州、四川、云南等地；散生于海拔500～1400 m的阔叶林和林缘中。较喜光，喜温暖湿润气候。

　　叶大荫浓，可供园林绿化、观赏和行道树用；材质优良，纹理细致，耐磨损，可供雕刻、制作工艺品等用。

树 形

叶 枝

柞木 *Xylosma congestum* (Lour.) Merr.

大风子科柞木属常绿乔木，高达 15 m，胸径约 80 cm；树皮灰棕色，片状剥落。具枝刺，幼树及萌条枝刺长达 4 cm。单叶互生，卵形或椭圆状卵形，长 4～8 cm，宽 3～6 cm，先端骤渐尖，基部圆形或宽楔形，锯齿钝，侧脉 4～6 对；叶柄长 0.3～1 cm。花单性异株；腋生短总状花序；花小，黄白色，无花瓣；萼片近圆形；雄花有多数雄蕊，花丝较萼片长数倍；雌花的花柱极短，柱头稍肥厚。浆果球形，熟时黑色。花期 6～8 月；果期 10～12 月。

产于秦岭、长江以南等地，台湾、广东、广西、贵州、云南等地有分布；生于海拔 1000 m 以下的低山平原、路边、林缘。喜光。

可栽为绿篱；木材黄褐色，纹理斜，结构细匀，材质坚重，最适宜制作工具柄、工艺品，也可供建筑用；树皮和叶可入药；种子油为半干性油，供工业用。

树形

叶枝

树 形

瑞香科
THYMELAEACEAE
土沉香
Aquilaria sinensis (Lour.) Gilg.

　　瑞香科沉香属常绿乔木，高达 28 m，胸径约 90 cm；树皮暗灰棕色，薄片状剥落。小枝圆柱形，具皱纹。单叶互生，卵形、倒卵形、卵状长圆形，长 5 ～ 11 cm，宽 3 ～ 6 cm，先端渐尖或尖，基部圆形或楔形，幼时被白色绢毛，后渐脱落，侧脉 14 ～ 24 对；叶柄长 4 ～ 10 mm。花两性，芳香，黄绿色；伞形花序；萼筒浅钟状，5 裂；花瓣 10，鳞片状；雄蕊 10；子房卵形，密被灰白色毛。蒴果木质，卵球形，长 2 ～ 3 cm。花期 2 ～ 3 月；果期 6 ～ 8 月。

　　产于福建、台湾、广东、海南、广西等地；生于海拔 1000 m 以下的山谷、山坡。颇耐阴，喜生于富含腐殖质的湿润沙壤土上。

　　木材结构细匀轻软，宜做电工绝缘材料、轻型包装箱、玩具等。"沉香"系老树干或树根受伤感染菌类在木质部集聚形成棕黑色芳香树脂，可药用；可提取芳香油，用作香料；树皮纤维可作为造纸原料。

叶 枝

叶 枝

金边瑞香

Daphne odora Thunb. f. *marginata* Makino

瑞香科瑞香属常绿灌木，为瑞香的变型，高1.5～2m。小枝细长，光滑无毛。单叶互生，长椭圆形至倒披针形，长5～8cm，先端钝或短尖，基部狭楔形，全缘，叶缘金黄色；叶柄短。花两性；无花瓣；形成顶生具总梗的头状花序；花被白色或淡红紫色，极芳香。核果肉质，圆球形，红色。花期3～4月。

产于长江流域及以南地区。喜阴凉、通风，不耐寒。

为著名花木，用于园林绿化观赏。

植 株

叶 枝

胡颓子科
ELAEAGNACEAE

披针叶胡颓子
Elaeagnus lanceolata Warb.

　　胡颓子科胡颓子属常绿灌木，高达 4 m，稀有短刺。幼枝淡褐色或淡黄色。单叶互生，披针形或椭圆状披针形，长 5～14 cm，宽 1.5～3.6 cm，先端渐尖，基部圆，稀宽楔形，边缘微反卷，背面密被银白色鳞片，侧脉 8～12 对；叶柄长 5～7 mm。花两性，淡黄白色，3～5 朵簇生成伞形总状花序，花梗锈色；萼筒筒形，上部 4 裂，裂片宽三角形，内面疏被白色星状鳞片；雄蕊 4；雌蕊 1；花柱线形，被褐色星状柔毛。坚果包被于肉质花被管内，呈核果状，椭圆形，被褐色和银白色鳞片，成熟时红黄色。花期 8～10 月；果期翌年 4～5 月。

　　产于陕西、甘肃、湖北、四川、贵州、云南、广西等地；生于海拔 600～2500 m 的山地林或林缘中。

　　可栽培供观赏；果可药用。

树 形

木半夏（多花胡颓子）

Elaeagnus multiflora Thunb.

　　胡颓子科胡颓子属落叶灌木，高达3 m。幼枝密被锈褐色鳞片。单叶互生，椭圆形、卵形或卵状宽椭圆形，长3～7 cm，宽1.2～4 cm，先端钝尖或骤渐尖，基部楔形，背面密被银白色和散生褐色鳞片，侧脉5～7对；叶柄锈色。花两性，白色，单生；萼筒圆筒形，上部4裂，裂片宽卵形，内面具极少数白色星状短柔毛；雄蕊4；花柱直立，无毛。坚果包被于肉质花被管内，呈核果状，椭圆形，密被锈色鳞片，成熟时红色。花期4～5月；果期6～7月。

　　产于河北、山东、安徽、浙江、福建、江西、湖北、四川、贵州等地。喜光，适应性强，耐干旱、瘠薄土壤。

　　可栽培供观赏，也是水土保持树种；果、叶、根供药用；果可鲜食或加工酿造。

叶 枝

植 株

叶 枝

金心胡颓子
Elaeagnus pungens 'Fredricii'

胡颓子科胡颓子属常绿灌木，为胡颓子的栽培变种。高达4m，具刺。幼枝密被锈色鳞片。叶互生，椭圆形或宽椭圆形，长5～11cm，宽1.8～5cm，先端钝，基部楔形或圆形，边缘微反卷或波状，枝条交错，叶背面银色，叶表面深绿色，中部镶嵌黄色斑，侧脉7～9对；叶柄长5～7mm。花两性，白色或淡白色，单生或2～3朵簇生。坚果椭圆形，熟时红色。

产于长江流域及以南各地；生于海拔1000m以下的阳坡林下和路旁。

叶色美观，是优良的观叶树种，可于庭园栽培供观赏；种子、叶和根可药用。

植 株

树形

千屈菜科
LYTHRACEAE

广东紫薇
Lagerstroemia fordii
Oliv. et Koehne

千屈菜科紫薇属落叶乔木，高20～40 m；树皮栗褐色，呈虎皮斑纹状分布。单叶互生，纸质，宽披针形或椭圆状披针形，长6～10 cm，先端尾尖，基部楔形，幼叶两面被微柔毛，后无毛。花两性；圆锥花序顶生，被灰白色绒毛；花萼长约6 mm，有10～12棱，裂片6，三角形；花瓣长5～7 mm，基部心形；雄蕊25～30，5～6枚较粗长。蒴果卵球形，成熟时褐色。花期5月；果期10月。

产于广东、香港、福建等地；生于低山山地疏林中。

花艳丽，花期特长，有较高的观赏和科研价值，可作为园林绿化树种。

叶枝

果枝

福建紫薇

Lagerstroemia limii Merr.

千屈菜科紫薇属落叶灌木或小乔木，高约4 m。小枝密生灰黄色柔毛，后渐脱落。单叶互生至近对生，革质，椭圆形或长椭圆形，长6～16 cm，表面近无毛，背面沿脉密被毛，侧脉 10～17 对，叶柄长 2～5 mm。花两性；圆锥花序顶生，花序轴及花梗密被柔毛；萼筒杯状，直径约 6 mm，有12棱，5～6裂，裂片矩圆状披针形；花瓣淡红色至紫色，圆卵形，有皱纹；雄蕊着生在花萼上；子房椭圆形，无毛。蒴果卵圆形，褐色。花期 5～6 月；果期 7～8 月。

产于福建南部、浙江、湖北东北部及西部；生于低山林中。

花艳美丽，适宜作为园林绿化观赏树种。

叶 枝

树 皮

花 枝

树 形

果 枝

丛植景观

散沫花

Lawsonia inermis L.

千屈菜科散沫花属灌木或小乔木，高达6m。小枝略呈四棱形。叶交互对生，薄革质，椭圆形或椭圆状披针形，长1.5～5cm，宽1～2cm。圆锥花序顶生，花序长约40cm；花极香，白色、玫瑰红色至朱红色；花萼裂片宽卵状三角形；花瓣略长于萼片；雄蕊8，花丝长约为萼裂片的2倍。蒴果扁球形，直径6～7mm，黑色。花期5～8月；果期12月。

原产于大洋洲、非洲北部和亚洲西南部。我国广东、广西、云南、福建、江苏、浙江等地有栽培。喜光，喜高温。

花芳香，常作为庭园观赏树；叶可做红色染料；花可提取香精和浸取香膏，用于化妆品。

植 株

花 枝

虾子花

Woodfordia fruticosa (L.) Kurz.

千屈菜科虾子花属落叶灌木，高达5m。小枝有柔毛，后渐脱落。单叶对生，近革质，披针形或卵状披针形，长3～14cm，宽1～4cm，基部圆形或心形，表面无毛，背面被灰白色柔毛，具黑色腺点；无柄或近无柄。花两性；短聚伞状圆锥花序，具1～15朵花，长约3cm，被柔毛；萼筒瓶状，鲜红色，长9～15mm；花瓣淡黄色，线状披针形，长约2mm；雄蕊12，突出萼外；子房长圆形，2室，花柱细长，高过雄蕊。蒴果膜质，线状长椭圆形，长约7mm，2瓣裂。花期春季。

产于广东西部、广西西北部、贵州、云南等地；常生于山坡、路旁。

花萼红色美丽，常作为观赏植物；干花可入药；全株含鞣质，可提制栲胶。

叶 枝

植 株

果 枝

叶 枝

树 皮

海桑科
SONNERATIACEAE

八宝树 *Duabanga grandiflora* (Roxb. ex DC.) Walp.

　　海桑科八宝树属常绿或半落叶乔木，高达40 m，胸径可达1.5 m；树干圆满通直，幼树皮灰白色，光滑，老树皮灰褐色，小薄片状剥落；板状根不甚发达。单叶对生，宽椭圆形、长圆形或卵状长圆形，长12～25 cm，宽5～7 cm，先端渐尖，基部深心形，侧脉粗，20～24对；叶柄粗，近红色。花两性；伞房状花序顶生；花长2.2～2.8 cm，直径3～4 cm；萼筒宽杯形，4～8裂，裂片长约2 cm；花瓣4～8，近卵形，白色；雄蕊极多数；子房半下位。蒴果卵形，长3～4 cm。花期3～4月；果期5～7月。

　　产于广西、云南等地；生于海拔100～1500 m的山谷旷地。喜高温高湿、终年无霜的热带气候。

　　树干通直，树冠丰满，可作为庭荫树、行道树，也是热带雨林和热带季雨林的主要造林树种；木材结构稍粗糙，略轻，可用作建筑、箱板材料。

树 形

花 枝

果枝

叶枝

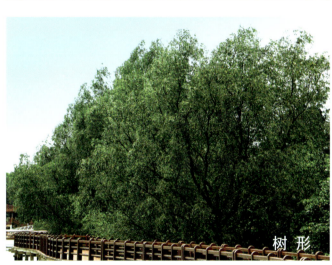

树形

天然林景观

林地

无瓣海桑

Sonneratia apetala Buch.-Ham.

海桑科海桑属常绿乔木，高 15 ～ 20 m；主干圆柱形，有笋状呼吸根伸出水面；茎干灰色，幼时浅绿色。小枝纤细，有隆起的节。单叶对生，厚革质，椭圆形至长椭圆形，叶柄淡绿色至粉红色。花两性；总状花序；花瓣缺；雄蕊多数，花丝白色；柱头蘑菇状。浆果球形，每果含种子 50 枚左右。花期 6 ～ 7 月；果期 9 ～ 10 月。

原产于孟加拉国。我国海南有引种栽培。

为红树林群落的一员，守卫在海岸，发挥着维护地球生态系统平衡的重要作用。

石榴科 PUNICACEAE

千瓣黄花石榴

Punica granatum 'Flavescins Plena'

石榴科石榴属落叶灌木或小乔木，为石榴的栽培变种。树高2～7m，枝常具枝刺。单叶对生或簇生，长椭圆状披针形，长3～6cm，全缘，亮绿色，无毛。花黄色，重瓣，单生于枝顶。浆果球形，黄绿色。花期5～6月；果期9～10月。

原产于伊朗、阿富汗等地。我国黄河流域以南及长江流域多有栽培。喜温暖气候，耐短期低温，对土壤要求不严。

本种为观花石榴，常作为观赏花木配植于庭园。

果枝

花枝

行道树景观

植株

果枝

玛瑙石榴

Punica granatum
'Lagrellei'

　　石榴科石榴属落叶灌木或小乔木，为石榴的栽培变种。花重瓣，花瓣橙红色而有黄白色条纹，边缘黄白色。其他特征同千瓣黄花石榴。

　　常作为观赏花木配植于庭园。

植株

花枝

叶 枝

红树科
RHIZOPHORACEAE

木榄

Bruguiera gymnorrhiza (L.) Savigny

红树科木榄属常绿乔木或灌木。树干基部有板状支柱根；树皮灰黑色，裂纹粗糙。叶革质，交互对生，椭圆状长圆形，长 7～15 cm，宽 3～6 cm，先端短尖，基部楔形；叶柄暗绿色，长 2.5～4.5 cm，托叶淡红色。花两性，单生；花长 3～3.5 cm，花梗长 1.2～2.5 cm；萼暗黄红色，裂片 11～13；花瓣中部以下密被长毛，上部无毛或近无毛，2 裂，裂片顶端具 2～3(4) 刺毛；雄蕊略短于花瓣；花柱具 3～4 纵棱，黄色，柱头 3～4 裂。果包于萼筒内。花果期近全年。

产于广东、海南、广西、福建、台湾等地；生于海滩，为构成红树林的优势树种，也与海莲、秋茄树等混生成林，为伴生树种。

材质坚重，红色，耐水浸，供制作工具柄等用；茎皮含鞣质，可提制栲胶。

树 形

树 皮

花 枝

天然林景观

花 枝

树 形

海莲

Bruguiera sexangula (Lour.) Poir.

红树科木榄属常绿乔木或灌木，高达8m，胸径约25cm；基部具板状支柱根和屈膝状气生根；树皮平滑，灰色。叶革质，交互对生，长圆形或倒披针形，长7～11cm，宽3～4.5cm，先端渐尖，基部楔形或宽楔形，中脉榄黄色；叶柄长2.5～3cm，黄色。花两性，单生，长2.5～3cm，直径2.5～3cm；花梗长4～7mm；萼鲜红色，萼筒有纵棱，裂片10(9～11)；花瓣金黄色，2裂，裂片先端钝，外翻，稀具短刺毛；雄蕊长7～12mm；花柱具3～4纵棱，红黄色。果包于萼筒内。花期秋、冬季至翌年春季。

产于海南。以海莲为优势树种的红树林主要分布于海南清澜港、铺前港等海滩上，生于河口海湾处。伴生树种为木榄、红海榄、榄李、海漆等。

材质耐水浸，可供制作工具柄等用；茎皮含鞣质，可提制栲胶。

叶 枝

尖瓣海莲

Bruguiera sexangula (Lour.) Poir.
var. *rhynchopetala* Ko

　　红树科木榄属常绿乔木或灌木，为海莲的变种。叶柄黄绿色；叶略厚。萼裂片11(13)；花瓣红黄色，裂片先端尖，有时具1～2刺毛。其他特征同海莲。

　　产于海南；生于浅海盐滩或潮水到达的沼泽地。

　　用途与海莲相同。

花 枝

果 枝

树 形

树形

角果木
Ceriops tagal (Perr.) C. B. Rob.

　　红树科角果木属常绿灌木或小乔木，高达5m；树干常弯曲，树皮灰褐色，裂纹细。叶革质，交互对生，倒卵形或倒卵状长圆形，长4～7cm，宽2～3(4) cm，先端圆或微凹，基部楔形，边缘骨质；叶柄略粗，长1～3cm；托叶披针形。花两性；聚伞花序腋生，总梗长2～2.5cm，花2～4(10)，花长5～7mm；萼5深裂，裂片小，革质；花白色，短于萼，先端有3或2枚微小棍棒状附属体；雄蕊短于萼裂片。果圆锥状卵形；胚轴长15～30cm，中部以上略粗。花期秋、冬季；果期冬季。

　　产于广西、广东、海南、台湾等地；生于沿海海滩上。耐盐性强，耐寒性也较强。

　　材质坚重，极耐腐，可做桩木、船板；茎皮含鞣质，为优质栲胶原料；全株可药用。

叶枝

天然林景观

叶枝

花枝

天然林景观

树形

秋茄树

Kandelia candel (L.) Druce

　　红树科秋茄树属常绿灌木或小乔木，高达10 m；树皮平滑，红褐色。小枝粗，节部肿胀。叶革质，交互对生，椭圆形、长圆状椭圆形或近倒卵形，长5～9 cm，宽2.5～4 cm，先端钝或圆，基部宽楔形，全缘；叶柄粗，长1～1.5 cm；托叶长1.5～2 cm，早落。花两性；二歧聚伞花序，花4(9)，1～3花序腋生，长2～4 cm；花长1～2 cm，直径2～2.5 cm，具短梗；萼裂片革质，短尖，花后外翻；花瓣白色，膜质，短于萼裂片；雄蕊长0.6～1.2 cm；花柱丝状，与雄蕊等长。果圆锥状；胚轴长12～20 cm。花期秋、冬季。

　　产于广西、广东、海南、福建、台湾等地；生于沿海海滩。

　　材质坚重，耐腐，可作为坑木、车、船、工具柄等用材；树皮含鞣质，可提制栲胶。

叶枝

花枝

红海榄

Rhizophora stylosa Griff.

红树科红树属常绿乔木或灌木。基部具支柱根。叶革质，对生，椭圆形或长圆状椭圆形，长6.5～11 cm，宽3～4(5.5) cm，先端凸尖或钝尖，基部宽楔形，全缘；叶柄粗，绿色，长2～3 cm；托叶长4～6 cm，早落。花两性；聚伞花序，总梗生于当年生枝叶腋，与叶柄等长或稍长，2至多花，具短梗；小苞片基部合生；萼裂片淡黄色；花瓣较萼片短，边缘被白色长毛；雄蕊8，4枚着生于花瓣上，4枚着生于萼上；子房上部半球形，花柱长4～6 mm，柱头微2裂。果倒梨形，长2.5～3 cm；胚轴圆柱形，长30～40 cm。花期集中在7月。

产于广东、海南、广西、台湾等地；生于受海水浸淹、土层深厚、有机质含量高的泥滩。

茎皮含鞣质，可提制栲胶。

果枝

树形

林地景观

使君子科
COMBRETACEAE

诃子

Terminalia chebula Retz.

使君子科榄仁树属常绿乔木，高达30 m，胸径约1 m。叶互生或近对生，近革质，卵形、椭圆形或长椭圆形，长7～14(17) cm，宽2.7～8.4 cm，先端渐尖，基部圆形或楔形，偏斜，全缘，无毛，表面密被小瘤点；叶柄粗，长1.8～3 cm，有时顶端具2腺体。花两性；无花瓣；穗状圆锥花序，长5.5～10 cm；花萼杯状，具5齿，内面密被黄棕色柔毛；雄蕊10，伸出萼外；子房圆柱状。坚果圆形或卵形，具5钝棱，熟时黑褐色。花期6月、9月、11月，3次开花；果期7月以后。

产于云南西部和西南部；生于海拔800～1900 m 的疏林中。喜光，较耐寒，耐旱；喜深厚、肥沃土壤。

木材结构细致、坚实，色泽美观，供建筑、家具、农具等用；果可药用；果皮、茎皮含鞣质，可提制优质栲胶，也可提取黄色及黑色染料。

树形

叶枝

树皮

花枝

榄仁树 *Terminalia catappa* L.

使君子科榄仁树属半常绿乔木，高达20m；树皮褐色，具板状根。小枝粗，枝端密被棕色长绒毛。叶对生，厚纸质，常集生于枝顶，倒卵形，长12～30 cm，宽8.5～15 cm，先端钝圆或尖，基部耳状浅心形，全缘；叶柄粗，扁平，长1～1.6 cm，密被毛，上部具2腺体。花杂性；穗状花序单生于枝顶叶腋，长8～20 cm；两性花生于花序下部，雄花生于花序上部，绿色或白色；花萼杯状，萼齿5；无花瓣；雄蕊10，伸出；子房圆柱形；花盘由5个腺体组成。坚果椭圆形或卵圆形，具2纵棱，黄色。花期3～5(7)月；果期7～9月。

原产于马来半岛。我国福建、台湾、广东、海南、广西、云南等地有栽培。

冬季叶色红艳，可供观赏；也可作为防护林树种；木材结构细致，花纹美丽，供建筑装修、家具等用；种子油供药用或做润滑油；果可鲜食；嫩叶可提取黑色染料。

树皮

叶枝

树形

桃金娘科
MYRTACEAE

肖蒲桃

Acmena acuminatissima
(Blume) Merr. et Perry

桃金娘科肖蒲桃属常绿乔木，高达20 m。小枝无毛。叶对生，卵状披针形或窄披针形，长5～12 cm，宽1～3.5 cm，先端尾尖，基部宽楔形，侧脉15～20对；叶柄长5～8 mm。花小，两性；复聚伞花序顶生，长3～6 cm；花序轴有棱；花有短柄；萼齿不明显；花瓣5，小，长约1 mm，白色；雄蕊多数，离生；子房下位，花柱短。浆果近球形，直径约1.5 cm，熟时黑紫色。花期7～9月；果期12月。

产于广西、广东及海南等地；生于海拔1000 m以下的林中。喜深厚、湿润、微酸性沙壤土。

木材结构细致，稍硬，干燥不裂，耐腐，供家具、门窗、地板、船舶等用。

树形

叶枝

树皮

植株

果枝

花枝

叶枝

美花红千层
Callistemon citrinus
(Curtis) Skeels

　　桃金娘科红千层属常绿灌木，高1～2m；树皮暗灰色，不易剥离。幼枝和幼叶有白色柔毛。叶互生，条形，长3～8cm，宽2～5mm，坚硬，无毛，有透明腺点，中脉明显，无柄。花两性；穗状花序顶生，有多数密生的花，长达10cm；萼筒卵形，萼齿5；花瓣5，圆形；雄蕊多数，花丝红色，离生；子房下位，花柱线形。蒴果球形。一年可以多次开花。

　　原产于澳大利亚东南部。我国广东、海南、广西、台湾有栽培。喜暖热气候，喜肥沃、潮湿的酸性土壤。

　　花形似瓶刷，色彩鲜红美丽，花期长，是优良观花树种，适合美化庭园。

植篱景观

林地景观

水翁
Cleistocalyx operculatus (Roxb.)
Merr. et Perry

　　桃金娘科水翁属常绿乔木，高达 15 m，胸径约 20 cm；树皮灰褐色，稍厚；树干多分枝。嫩枝扁，有沟。叶对生，卵状长圆形或椭圆形，长 11～17 cm，宽 4.5～7 cm，先端稍骤尖或渐钝尖，基部宽楔形，两面被腺点，侧脉 9～13 对；叶柄长 1～2 cm。花两性；复聚伞花序侧生，长 6～12 cm；花无柄；萼筒半球形，萼片连成帽状体，帽状体长 1～2 mm；花瓣 4，常附于帽状体上，花开时一并脱落；雄蕊多数，分离；子房下位，花柱长 3～5 mm。浆果卵圆形，长 1～1.2 cm，直径 1～1.4 cm，熟时紫黑色。花期 5～6 月；果期 8～9 月。

　　产于广东、海南、广西、云南等地；生于溪边、山谷湿润处。

　　可作为风景树，多植于湖畔边；也可作为护堤树种；树皮、花、叶药用；木材耐水湿，日晒易裂，为优良造船用材。

树形

叶枝

树皮

植株

叶枝

树球景观

红果仔 *Eugenia uniflora* L.

　　桃金娘科番樱桃属常绿灌木或小乔木，高2～4 m。嫩枝叶红色。叶纸质，对生，卵形至卵状披针形，长2～4(6) cm，宽2.3～3 cm，先端渐尖，基部圆形或微心形，表面绿色发亮，背面颜色较浅，两面无毛，有透明腺点。花两性，白色，单生于叶腋，直径达13 mm；雄蕊多而长，有香味。浆果扁球形至卵球形，有8纵沟，直径1.5～2 cm，熟时深红色。花期2～4月；果期5～7月。

　　原产于巴西。我国华南地区有栽培。喜温暖湿润的环境，不耐干旱，也不耐寒。

　　浆果鲜红艳丽，典雅可爱，嫩叶紫红，宜植于庭园或盆栽供观赏，也可作为绿篱；果肉多汁，微酸可食。

嫩叶植株

黄金香柳

Melaleuca bracteata
'Revolution Gold'

　　桃金娘科白千层属常绿乔木，高6～8m，主干直立。枝条密集、细长、柔软，嫩枝红色，新枝层层向上扩展。叶互生，革质，披针形或条形，具油腺点，金黄色。花两性；穗状花序；花瓣5，雄蕊多数，绿白色；子房下位，花柱线形。蒴果半球形。花期春季。

　　原产于新西兰、荷兰等国家。我国华南地区有栽培。抗盐碱、抗水涝、抗寒热，也抗台风等自然灾害。

　　形态优美的彩色树种，有金黄、芳香、新奇等特点，具观赏价值。可作为家庭盆栽、切花配叶、公园造景、修剪造型等；同时将其作为湿地、海滨、绿化、造林等树种具有更大的优势；它也是一种芳香植物，除可以净化空气外，其新鲜枝叶可以提炼香精油。

树 形

叶 枝

列植景观

气生根

番石榴 *Psidium guajava* L.

桃金娘科番石榴属常绿乔木或灌木，高达 13 m；树皮平滑，浅黄褐色，薄片剥落。嫩枝有棱，被毛。叶对生，长圆形或椭圆形，长 6～12 cm，宽 3.5～6 cm，先端急尖或钝，基部近圆形，表面稍粗糙，背面有毛，侧脉 12～15 对；叶柄长 5 mm。花两性，单生于叶腋；萼筒钟形，有毛，萼帽近圆形；花瓣长 1～1.4 cm；雄蕊多数，离生；子房下位。浆果球形、卵形或梨形，长 3～8 cm，果肉白色及黄色；胎座肥大，肉质，淡红色。花期 4～6 月；果期 8～9 月。

原产于南美洲。我国福建南部、台湾、广东南部、海南、广西南部、云南、贵州、四川等地有栽培。喜暖热气候，不耐霜冻。

木材结构细致、均匀，坚实致密，供农具、工具柄、雕刻、玩具等用；熟果味甜，可鲜食、制果酱、果汁及酿酒；叶可药用；树皮含鞣质，可提制栲胶。

树形

果枝

叶枝

大叶丁香

Syzygium caryophyllaceum Gaertn.

桃金娘科蒲桃属常绿乔木，高达15 m；树皮灰白色，光滑。叶对生，革质，卵状长椭圆形，全缘，叶表面有腺点；叶柄明显。花两性；圆锥花序腋生；花萼筒状，顶端4裂；花瓣4，白色；雄蕊多数。浆果，卵圆形，红色。花期1～2月；果期6～7月。

原产于亚洲。我国云南勐腊、景洪有栽培。喜高温高湿环境。

叶色翠绿，花芳香，可作为园林绿化观赏树种；花蕾、果实可入药。

叶枝

花枝

树形

果枝

叶 枝

红车木

Syzygium hancei Merr. et Perry

　　桃金娘科蒲桃属常绿乔木，高达 20 m。嫩枝圆形。叶对生，革质，狭椭圆形至长圆形或倒卵形，长 3～7 cm，宽 1.4～4 cm，先端钝或略尖，基部阔楔形或较窄，叶表面有多数细小而下陷的腺点；叶柄长 3～6 mm。花两性；圆锥花序腋生，长 1～1.5 cm，多花；萼管倒圆锥形，萼齿不明显；花瓣 4，白色，分离，圆形；雄蕊多数；花柱与花瓣等长。浆果球形，直径 5～6 mm。花期 7～9 月；果期 11 月。

　　产于福建、广东、广西等地；常生于低海拔疏林中。喜温暖湿润气候，对土壤要求不严，适应性较强。

　　树形雅致，枝繁叶茂，叶厚光亮，终年翠绿，嫩枝嫩叶鲜红色，艳丽可爱，且病虫害少，是制作绿篱、球冠的上好材料，亦是优良的庭园绿化、观赏树种。

植 株

植篱景观

叶枝

花枝

树皮

果枝

树形

洋蒲桃

Syzygium samarangense
(Bl.) Merr. et Perry

　　桃金娘科蒲桃属常绿乔木，高达12 m。嫩枝扁。叶对生，革质，椭圆形或长圆形，长10～20 cm，宽5～8 cm，先端钝尖，基部窄圆形或微心形，叶背面被腺点，侧脉14～19对；叶柄长3～4 mm或近无柄。花两性；聚伞花序长5～6 cm；萼筒倒圆锥形，密被腺点，萼齿半圆形；花瓣4，白色；雄蕊多数。浆果梨形或圆锥形，淡红色，有光泽，长4～6 cm，顶端凹陷，萼齿肉质。花期3～4月；果期5～6月。

　　原产于马来西亚及印度尼西亚。我国广东、台湾、广西、云南等地有栽培。喜温暖湿润气候，多植于塘边、稻田畔较湿润处。

　　树形优美，花期长、浓香，花形美丽，挂果期长，果形美，鲜艳夺目，可作为园林绿化观赏树种；果味香可食，在台湾被尊为"水果之王"；花可入药。

花枝

野牡丹科
MELASTOMATACEAE

野牡丹

Melastoma candidum D. Don

　　野牡丹科野牡丹属常绿灌木，高达 1.5 m；茎钝四棱形或近圆形，小枝、叶、叶柄、苞片、花梗、花萼及果密被鳞状平伏糙毛。叶对生，卵形或宽卵形，长 4～10 cm，宽 2～6 cm，先端尖，基部浅心形或近圆形，基出脉 7；叶柄长 5～15 mm。花两性；伞房花序近头状，有花 1～5 朵，基部具叶状苞片 2 枚；花萼长约 2.2 cm，萼片卵形；花瓣玫瑰红色或粉红色，倒卵形，长 3～4 cm；雄蕊 10，5 长 5短；子房下位，5 室。蒴果，坛状球形，直径0.8～1.2 cm。花期 5～7 月；果期 10～12 月。

　　产于云南、广西、广东、海南、福建、台湾等地；生于海拔 200 m 以下山的坡松林下或灌丛中。

　　花期长，花大美丽，可作为庭园观赏树种；根、叶可药用。

植株

宝莲花

Medinilla magnifica Lindll.

野牡丹科酸脚杆属常绿灌木，高 1.5～2 m。枝条粗硬，茎具 4 棱。单叶对生，卵形至卵状椭圆形，长 10～20(30) cm，弧形侧脉 2～3 对（凹陷）；叶表面深绿色，背面淡绿色，边缘波浪状，革质，近无叶柄。花两性；圆锥花序下垂，总花梗长 20～30(45) cm，浅绿色，腋生，下垂；苞片白色或粉红色，每两层苞片之间悬吊着一簇樱桃红色的花，花茎顶端的一簇最大，小花多，40 余朵；花冠紫色。浆果近球形。花期 4～6 月；果期 8 月。

原产于菲律宾等热带地区。我国广东、广西、福建有栽培。喜高温多湿和半阴环境，不耐寒。

株形优美，叶大粗犷，粉红色花序异常新奇、豪华，是珍贵的木本花卉，最适宜高档场所摆放装饰，宜植于庭园或盆栽供观赏。

花 枝

植 株

植 株

叶 枝

花 枝

巴西野牡丹（蒂牡花）
Tibouchina urvilleana (DC.) Cogn.

　　野牡丹科蒂牡花属常绿灌木，高0.3～1m；茎4棱，有毛。单叶对生，卵状长椭圆形至披针形，长6～10cm，基出3(5)主脉，先端尖，深绿色，密被绒毛。花两性；聚伞花序顶生，花紫红色；花萼筒状；花瓣5；雄蕊5长5短，紫色。蒴果近球形。花期夏、秋季。

　　原产于巴西。我国广东、广西、福建等地有栽培。喜光，喜排水良好的酸性土壤，不耐寒。

　　花色美丽且花期长，宜于丛植、盆栽及花坛美化。

植株

尖子木
Oxyspora paniculata (D. Don) DC.

野牡丹科尖子木属常绿灌木，高达2 m。茎钝四棱形，幼枝被秕糠状星状毛及疏刺毛。叶对生，卵形、窄椭圆状卵形或近椭圆形，长 12～24(32) cm，宽 4.6～11(15.5) cm，先端渐尖，基部圆形或浅心形，全缘，基出脉 7，背面脉上被秕糠状星状毛，侧脉极多；叶柄长 1～7.5 cm。花两性；由伞房花序组成的狭圆锥花序顶生；苞片极小，早落；花萼狭漏斗形，具钝四棱；花瓣玫瑰红色，卵形，长约 1 cm；雄蕊 8，4 长 4 短；子房卵形，4 室。蒴果四棱状卵形。花期 7～9 月；果期翌年 1～3(5) 月。

产于四川、贵州、云南、西藏、广西等地；生于海拔 500～1900 m 的山谷林下。

花色美丽，可作为庭园观赏树种；全株可药用。

叶枝

花枝

柳叶菜科
ONAGRACEAE

倒挂金钟 *Fuchsia hybrida* Voss.

柳叶菜科倒挂金钟属落叶小灌木，株高 60～150 cm；茎细弱，枝条平展或稍向下弯曲近光滑。叶对生或轮生，长卵形，长 4～7.5 cm，先端尖，基部圆形，边缘疏具细齿；叶柄长约 2.5 cm。花两性，腋生，具长梗；萼筒长，萼裂片与萼筒近等长，淡红色；花瓣 4，长 1.5～2.5 cm，紫色、蔷薇色或白色，较萼片短；雄蕊 8，不相等，常外露；子房长为萼长的一半；花柱长，外露。浆果。花期 6～8 月。

原产于南美洲。我国各地多盆栽。性喜温暖、阴湿而通风良好的凉爽气候，忌酷暑，喜肥沃而排水良好的沙质土壤。

花色丰富，花朵美丽，花形奇特，倒挂如钟，极为优雅，主要用于盆栽观赏或用以布置室内、厅堂。

花枝

植株

花枝

果枝

五加科
ARALIACEAE

虎刺楤木
Aralia armata (Wall.) Seem.

五加科楤木属落叶灌木，高达4 m；茎具弯刺，长不及4 mm，基部宽扁。三回羽状复叶互生，长达1 m；小叶5～9，长圆状卵形，长4～11 cm，先端渐尖，基部圆形或心形，具细锯齿或不整齐锯齿，两面脉上疏被小刺，表面密被柔毛，后渐脱落，侧脉约6对；叶柄长25～50 cm，叶轴及羽叶柄疏被细刺。花杂性；花序长达50 cm，主轴及分枝疏被短钩刺；伞形花序，直径2～4 cm；萼具5小齿；花瓣5，覆瓦状排列；雄蕊5；子房5室。浆果球形，具5棱。花期8～10月；果期9～11月。

产于广东、广西、贵州、江西南部、云南东南部；生于海拔1400 m以下的林中、林缘。

根皮可药用。

植株

叶枝

植 株

常春藤

Hedera nepalensis K. Koch var. *sinensis* (Tobl.) Rehd.

　　五加科常春藤属常绿攀缘灌木，长达30 m；茎具攀缘气生根。小枝被锈色鳞片。单叶互生；营养枝上的叶三角状卵形或戟形，长5～12 cm，全缘或3裂，基部平截；花枝上的叶椭圆状卵形或椭圆状披针形，先端渐尖，基部宽楔形，全缘；叶柄长1～8 cm。花两性；伞形花序单生或2～7朵簇生；萼筒近全缘；花淡黄白色或淡绿白色，芳香；雄蕊5；子房5室。浆果状核果球形，黄色或红色。花期9～11月；果期翌年3～5月。

　　产于甘肃南部、陕西南部、河南、山东以南，南至海南岛，西南至西藏东南部。常攀缘于树木、岩石上。

　　枝叶浓密常青，可作为攀缘、垂直绿化材料；全株可药用；茎叶含鞣质，可提制栲胶。

叶 枝

植株

斑叶加那利常春藤
Hedera canariensis 'Variegata'

五加科常春藤属常绿攀缘灌木，为加那利常春藤的栽培变种。茎具攀缘气生根。单叶互生，革质，幼叶卵形，成年叶卵状披针形，全缘或掌状3～7浅裂，表面深绿色，叶缘有不规则的黄白斑。花两性；伞形花序数个排成总状花序。雄蕊5；子房5室。浆果状核果球形，黄色或红色。花期8～9月；果期翌年3月。

原产于非洲加那利群岛。我国各地多有盆栽。喜温暖、湿润和半阴环境。

叶色美丽，是室内及窗台绿化的好材料；也用于围墙、陡坡、岩壁做攀缘、垂直绿化材料。

叶枝

棚架景观

棚架景观

叶 枝

银边常春藤
Hedera helix 'Silves Queen'

　　五加科常春藤属常绿攀缘灌木，为洋常春藤的栽培变种。茎具攀缘气生根。单叶互生，营养枝叶3～5浅裂，花果枝上的叶不裂而为卵状菱形，叶缘白色。花两性；伞形花序；雄蕊5；子房5室。浆果状核果球形。花期9～10月；果期翌年4月。

　　原产于欧洲。我国栽培普遍。喜温暖、湿润和半阴环境。

　　叶边白色美丽，常作为墙垣及假山垂直绿化材料。

植 株

叶 枝

鹅掌藤
Schefflera arboricola
Hayata

　　五加科鹅掌柴属常绿灌木，有时为藤本，高3～4m。小枝无毛。掌状复叶互生；小叶7～9，倒卵状长圆形或长圆形，长6～10cm，先端钝或尖，基部楔形或宽楔形，全缘，无毛，侧脉4～6对，网脉明显；叶柄细，长10～20cm，小叶柄长1.5～3cm。花两性；伞形花序，长约20cm；萼筒全缘；花瓣5～6；子房5～6室。浆果球形，具5～6棱。花期7～10月；秋后果熟。

　　产于海南、台湾、广西等地；生于溪边或较湿润林中，有时附生于树上。

　　全株可药用。

盆 栽

植 株

叶 枝

丛植景观

地被景观

花叶鹅掌藤

Schefflera arboricola
'Variegata'

　　五加科鹅掌柴属常绿灌木或小乔木，为鹅掌藤的栽培变种。株高3～5m。小枝无毛。掌状复叶互生，小叶7～9，长卵圆形或椭圆形，革质，叶面具不规则乳黄色至浅黄色斑块，先端钝或尖，基部楔形或宽楔形，全缘。花两性；伞形花序。浆果球形。花期7～10月；秋后果熟。

　　原产于马来群岛。我国华南地区有栽培。喜温暖、湿润环境和疏松、肥沃的沙质土壤。

　　植株紧密，叶色美观，园林中常栽于路边、山石边或墙垣边供观赏；盆栽可用于客厅、卧室等处观赏。

叶 枝

树 形

澳洲鹅掌柴
Schefflera actinophylla
(Endl.) Harms

　　五加科鹅掌柴属常绿乔木，高达12 m。掌状复叶互生，小叶 5 ～ 16，长椭圆形，长 10 ～ 30 cm，先端尖，全缘，有光泽；小叶柄两端膨大。花小，两性，红色；由密集的伞形花序排成伸长而分枝的总状花序，长的 45 cm。浆果近球形，紫红色。夏季开花，冬季至次年春季为果熟期。

　　原产于大洋洲澳大利亚昆士兰、新几内亚岛，印度尼西亚。我国华南地区有栽培。喜光，耐半阴，喜暖热多湿气候，不耐寒，不耐干旱。

　　树姿秀丽奇特，为优良的园林风景树，也可盆栽。

树皮

植株

叶枝

孔雀木

Schefflera elegantissima
(Veitch. ex Mast.) Lowry et
Frodin

　　五加科孔鹅掌柴属常绿灌木或小乔木，高达3m。掌状复叶互生；小叶5～9(11)，条形，长10～20cm，宽1～1.5cm，缘有疏锯齿，叶表面呈暗绿色或古铜色。花小，两性；伞形花序。浆果近球形。花期9～10月；果期翌年3月。

　　原产于澳大利亚、太平洋群岛。我国华南地区有栽培。喜光，喜温暖及较阴湿的环境，喜疏松、肥沃土壤。

　　树形和叶形优美，叶片掌状，小叶羽状分裂，非常雅致，为名贵的观叶植物，多用于盆栽供观赏，大的植株用于厅堂摆放。

通脱木

Tetrapanax papyrifer (Hook.) K. Koch

　　五加科通脱木属常绿灌木，高达6m；树皮棕褐色。小枝粗，髓心大，白色。单叶互生，叶大，直径约50cm，常集生于枝顶；叶片纸质或薄革质，掌状5～11裂，裂片浅或深达叶片的2/3，卵状长圆形，先端渐尖，全缘或具粗齿，表面无毛，背面密被锈色星状毛，侧脉明显；托叶基部与叶柄结合；叶柄长50cm以上。花两性，淡黄色；伞形花序组成大型圆锥状花序，顶生，具多花，花序长50cm以上；萼密被毛，近全缘；花瓣4，长约2mm。浆果状核果球形，熟时紫黑色。花期10～12月；果期翌年1～2月。

　　产于陕西秦岭太白山，南至广东、广西，东起台湾、浙江、福建，西至云南、四川西部等地；常生于海拔2800m以下土层肥厚的荒地或疏林中。喜光，耐寒性不强。

　　长江流域以南常栽培供观赏；茎髓为中药"通草"，做利尿剂；髓切成薄片称"通草纸"，供制纸花及美术工艺品材料。

花枝

植株

盆 栽

叶 枝

树 皮

植 株

刺通草
Trevesia palmata (Roxb.) Vis.

　　五加科刺通草属常绿小乔木，高达8m，胸径约15 cm。单叶互生，革质，5～9深裂，近圆形，直径30～45 cm，裂片披针形，先端渐尖，具锐锯齿或羽状分裂，幼树常具假掌状复叶，无毛或疏被星状毛；叶柄长30～45 cm，具刺；托叶与叶柄合生成鞘状。花两性；由伞形花序组成圆锥状花序，花序长约45 cm；萼被锈色毛，萼齿10，不明显；花瓣6～10，长约5 mm；雄蕊6～10；子房6～10室。浆果状核果。花期3～5月；果期5～6月。

　　产于云南西双版纳、澜沧、沧源，贵州南部及广西等地；生于海拔1000～2000 m林中。耐半阴，喜暖热湿润气候及肥沃、排水良好的土壤，不耐干旱和寒冷。

　　株形姿态优美，大型顶生花、果序亦有观赏价值，适合园林或庭院内栽培；叶可药用。

叶枝

斑叶福禄桐
Polyscias balfouriana 'Variegata'

　　五加科福禄桐属常绿灌木，为圆叶福禄桐的栽培变种。株高1～3m。三出复叶，叶近圆肾形，宽5～8cm，先端圆，基部心形，缘具粗锯齿或缺刻，叶绿色，有大面积黄白斑块。伞形花序再组成圆锥花序，花黄绿色。浆果状核果。花期夏季；果期秋季。

　　原产于新喀里多尼亚。我国华南地区有栽培。耐半阴，喜高温多湿气候及湿润、排水良好的土壤，耐干旱，极不耐寒。

　　叶色美丽，宜植于庭园或盆栽供观赏。

花坛景观

植株

叶 枝

树 形

花 枝

山茱萸科
CORNACEAE

灯台树

Cornus controversa Hemsl.

　　山茱萸科梾木属落叶乔木，高达20 m，胸径约60 cm；树皮暗灰色，平滑，老树浅纵裂。单叶互生，宽卵形，稀长圆状卵形，长6～13 cm，先端骤渐尖，基部楔形或圆形，表面无毛，背面浅灰色，密被白色丁字毛，侧脉6～7对；叶柄长2～6.5 cm，无毛。花两性；伞房状聚伞花序顶生，花序直径7～13 cm；花直径8 mm；萼4齿裂；花瓣4，长圆状披针形；雄蕊4；子房密被灰白色平伏柔毛。核果球形，紫红色至蓝黑色。花期5～6月；果期7～9月。

　　产于辽宁、陕西、甘肃、华北、华东、华中、华南、西南等地；生于海拔400～1800 m的混交林中。喜湿润，生长快。

　　树姿优美，可作为园林绿化树种；木材纹理直，细致均匀，适于制作玩具、雕刻、箱盒、家具等用；原木可制作胶合板；种子可榨油、制肥皂及润滑油；树皮含鞣质，可提制栲胶。

果 枝

叶 枝

朝鲜梾木
Cornus coreana Wanger.

　　山茱萸科梾木属落叶乔木，高达20m；树皮淡褐色，长方形片状剥落。枝红褐色或紫色，密生短柔毛。单叶对生，椭圆形或椭圆状卵形，长5～8cm，宽2.5～5cm，先端尖，基部宽楔形或圆形，全缘，背面密生贴伏柔毛，侧脉4～5对；叶柄长1～2cm。花两性；伞房状聚伞花序；萼4裂与花盘等长；花瓣4，白色，矩圆形；雄蕊4，与花瓣等长；柱头棍棒状。核果球形，熟时黑色。花期5月；果期10月。

　　产于河北承德南部山区，东北、华中、华东及西南也有分布；生于阴坡石缝间。

　　树形端正，可作为园林绿化树种；木材纹理致密，材质坚重，供建筑、制作器具等用。

树 形

果 枝

植株

银边红瑞木

Cornus alba 'Argenteo-
marginata'

山茱萸科梾木属落叶灌木，为红瑞木的栽培变种。高达3 m。枝血红色，幼时被灰白色短柔毛及白粉。单叶对生，椭圆形，稀卵圆形，长5～8.5 cm，宽1.8～5.5 cm，先端突尖，基部楔形或宽楔形，边缘银白色，侧脉5(4～6)对。花两性；伞房状聚伞花序顶生；花白色或淡黄白色；萼裂片尖三角形；花瓣卵状椭圆形；雄蕊生于花盘外侧；花柱圆柱形。核果侧扁，白色。花期6～7月；果期8～10月。

产于我国东北、华北及西北地区。喜光，耐半阴，耐寒，耐湿，耐干旱、瘠薄土壤。

株形优雅、枝干叶色美丽，是优良的园林绿化、美化树种。

叶枝

树 形

花 枝

叶 枝

香港四照花

Dendrobenthamia hongkongensis (Hemsl.) Hutch.

　　山茱萸科四照花属常绿乔木，高达 18 m。幼枝绿色，被褐色毛，后脱落。单叶对生，椭圆形、长椭圆形或倒卵状椭圆形，长 6.2～13 cm，先端短渐尖或短尾尖，基部楔形，幼时两面疏被平伏毛，后脱落；侧脉 3～4 对；叶柄长 0.8～1.2 cm。花两性；头状花序，花序具花 50～70；总苞苞片 4，宽椭圆形或倒卵状宽椭圆形，长 2.8～4 cm；萼齿不明显或平截；花瓣 4，长椭圆形；雄蕊 4；花盘 8 浅裂。核果长圆形，果序为集合成球形肉质的聚花果，黄色至或红色。花期 5～6 月；果期 11～12 月。

　　产于浙江、江西、湖南、福建、广东、广西、贵州、四川、云南等地；生于海拔 350～1700 m 的常绿阔叶林及杂木中。

　　可用作园林绿化树种；木材供建筑等用；果可食及酿酒。

四照花

Dendrobenthamia japonica (A. P. DC.) Fang var. *chinensis* (Osborn) Fang

　　山茱萸科四照花属落叶小乔木，为东瀛四照花的变种。高达8m。幼枝被白色毛，后脱落。单叶对生，纸质或厚纸质，卵形或卵状椭圆形，长5.5～12cm，先端渐尖，基部圆形或宽楔形，表面疏被白色柔毛，背面粉绿色，被白色柔毛，脉腋具淡褐色绢毛；侧脉4～5对；叶柄长0.5～1cm。花两性；花序球形，具花20～30朵；总苞片卵形或卵状披针形，长5～6cm；萼裂片内面被一圈褐色细毛；花瓣4，黄色；雄蕊4；花盘垫状。核果长圆形，果序为集合成球形肉质的聚花果，橙红色或紫红色。花期5～6月；果期8月。

　　产于山西、河南、陕西、甘肃、江苏、浙江、福建、台湾、安徽、江西、湖南、湖北、四川、贵州、云南等地；生于海拔740～2100m的溪边、混交林中。

　　可作为园林绿化观赏树种；果味甜，可食及酿酒。

植株（秋色）

植株

叶枝

东瀛四照花

Dendrobenthamia japonica
(A. P. DC.) Fang

　　山茱萸科四照花属落叶小乔木，高达8m。嫩枝被白色柔毛，后脱落。单叶对生，薄纸质，卵形或卵状椭圆形，长5～12cm，先端渐尖，基部圆形或宽楔形，表面疏被白色柔毛，背面浅淡绿色，脉腋具白色或淡黄色绢毛，侧脉4～5对；叶柄长0.5～1cm。花两性；头状花序，总苞片4，白色，花瓣状；花序直径7～13cm；萼4裂，萼裂片内面微被白色短毛；花瓣4，黄色，倒卵形；雄蕊4；花盘垫状。核果长圆形，果序为集合成球形肉质的聚花果，橙红色或紫红色。花期5～6月；果期8月。

　　原产于朝鲜及日本。我国江苏、浙江有栽培。花色美丽，用作园林绿化树种。

树形

叶枝

花枝

鞘柄木科
TORICELLIACEAE
粗齿角叶鞘柄木
Toricellia angulata var. *intermedia* (Harms) Hu

鞘柄木科鞘柄木属落叶小乔木，为角叶鞘柄木的变种。高达8m；树皮灰色。小枝疏被柔毛或无毛。单叶互生，宽卵形或五角状圆形，长6～15cm，掌状5～7裂，裂片具粗锯齿，背面脉腋具簇生毛；叶柄长2.5～8cm。花小，单性，雌雄异株；圆锥花序顶生，被短柔毛；雄花萼5裂；花瓣5，离生；雌花萼3～5齿裂；无花瓣；子房下位，3～4室。核果卵圆形。花期4月；果期6月。

产于陕西南部、甘肃南部、湖北、湖南、贵州、四川、云南等地；生于海拔400～1800m的林下。

叶形美观，可作为园林绿化树种；叶可作为猪饲料及绿肥；根及茎皮可药用。

树形

花枝

紫金牛科
MYRSINACEAE
密鳞紫金牛
Ardisia densilepidotula Merr.

　　紫金牛科紫金牛属常绿小乔木，高 6 ～ 8(15) m。小枝粗壮，皮粗糙，幼时被锈色鳞片。叶互生，革质，倒卵形或广倒披针形，顶端钝急尖或广急尖，基部楔形，下延，长 11 ～ 17 cm，宽 4 ～ 6 cm，全缘；叶柄长约 1 cm，具狭翅和沟。花两性；由多回亚伞形花序组成的圆锥花序顶生或近顶生，长 10 ～ 14 cm；花长约 3 mm；花萼基部联合，萼片狭三角状卵形或披针形；花瓣粉红色至紫红色，卵形；雄蕊与花瓣近等长；雌蕊与花瓣等长或比花瓣略长。浆果核果状，球形，紫红色至紫黑色。花期 6 ～ 7(8) 月；果期秋季。

　　产于海南；生于海拔 250 ～ 2000 m 的山谷、山坡密林中。喜光，喜暖湿气候及肥沃、排水良好的微酸性土壤。

　　株形美观，早春时节，一树繁花，赏心悦目，初秋则满身紫果，别有韵味，是优良的庭园观赏树种；根皮可药用。

树形

花枝

树皮

叶枝

蓝雪科（白花丹科）
PLUMBAGINACEAE

白花丹 *Plumbago zeylanica* L.

蓝雪科（白花丹科）蓝雪属（白花丹属）常绿亚灌木，攀缘状，高1～3m。叶互生，纸质，卵形至矩圆状卵形，长4～10cm，宽2～5cm，顶端急尖至渐尖，基部宽楔形下延至叶柄成窄翅，半鞘状抱茎，全缘，侧脉约7对；叶柄长约4cm，基部具2耳状附属物。花两性；总状圆锥花序，花序轴具腺体；花萼管长约1.1cm，有棱，棱具有柄腺体；花冠白色，花冠筒长1.7～2cm，裂片倒卵形，开展；雄蕊5；子房长圆形，花柱细长，柱头5裂，线形。蒴果长圆形，熟时上部5瓣裂。花期10月至翌年3月；果期12月至翌年4月。

产于福建、台湾、广东、香港、广西、贵州南部、海南、四川东南及南部、云南等地；生于海拔150～1600m的路旁灌丛中、山坡林内。

花洁白美丽，为优美观赏植物；全株可药用。

花枝

植株

植株

叶枝

果枝

山榄科 SAPOTACEAE

神秘果

Synsepalum dulcificum Deniell

山榄科神秘果属常绿灌木，高2～4m。枝、茎灰褐色，枝上有不规则的网线状灰白色条纹。叶互生，琵琶形或倒卵形，叶表面青绿色，背面草绿色。花小，两性，腋生；花瓣白色。浆果椭圆形，成熟时果皮鲜红色，肉薄，乳白色。花期9月；果期11月。

原产于西非至刚果一带，印度尼西亚的丛林中也有发现。20世纪60年代引入我国海南、广东、广西、福建。

树形美观，枝叶繁茂，果实红艳，我国热带、亚热带地区作为园林观赏植物栽培；在西非热带地区，当地居民常常用神秘果来调节食物的味道，吃过酸、辣、苦、咸的食物之后，嚼上几口神秘果，立刻变成甜的味道，因为它有一种能改变味道的糖蛋白。

丛植景观

植篱景观

树皮

树形

叶枝

柿树科
EBENACEAE

毛柿

Diospyros strigosa Hemsl.

　　柿树科柿树属常绿乔木，高达 8 m。幼枝被锈色平伏粗毛。叶互生，长圆形、长椭圆形或长圆状披针形，长 5～14 cm，宽 2～6 cm，先端尖或渐尖，基部稍心形，下面被锈色平伏粗毛，侧脉 7～10 对，全缘；叶柄长 2～4 mm，被平伏毛。花单性，雌雄异株或杂性；花萼 4 深裂至基部；花冠高脚碟状；裂片 4，被毛；雄花具雄蕊 12；雌花子房 4 室。浆果近无柄，卵形，长 1～1.5 cm，熟时黑色；宿萼 4 深裂。花期 6～8 月；果期冬季。

　　产于广东、海南等地；生于林内或灌丛中。

　　为园林绿化树种；木材坚硬，可作为硬木家具等用材。

果 枝

野柿

Diospyros kaki var. *silvestris* Makino

　　柿树科柿树属落叶乔木。小枝及叶柄常密被黄褐色柔毛,叶较栽培柿树的叶小,叶片下面的毛较多。花较小。果亦较小,直径 2～5 cm。

　　产于长江流域,南至广东、广西,西至四川、云南等地;生于海拔 1600 m 以下的山区次生林或灌丛中。

　　幼果可提制柿漆;果脱涩后可食;实生苗可作为嫁接柿树的砧木。

叶 枝

树 形

果枝

植株

叶枝

老鸦柿

Diospyros rhombifolia
Hemsl.

柿树科柿树属落叶灌木或小乔木，高约3m。有枝刺，小枝无毛。叶互生，菱状倒卵形，长4～8.5cm，宽1.8～3.8cm，先端钝，基部楔形，表面沿脉被黄褐色毛，后脱落，背面疏被平伏柔毛，全缘；叶柄细，长2～4mm，被微柔毛。花单性，雌雄异株或杂性；雄花组成聚伞花序；雌花常单生于叶腋；花萼4深裂，被微柔毛；花冠壶形，4裂，被毛；雄蕊16；雌花子房密被长柔毛。浆果球形，直径约2cm，幼时被毛，熟时橘红色；宿萼革质。花期4～5月；果期9～10月。

产于浙江、江苏、安徽、江西、福建等地；生于山坡灌丛或山谷沟畔中。

果可提取柿漆；根、枝入药；实生苗可作为嫁接柿树的砧木；树形潇洒优美，入秋黄色果实悬挂满树，是绿化中良好的观果树种，还是一种很好的盆景树种。

树 形

林地景观

果 枝

野茉莉科
STYRACACEAE

长果秤锤树

Sinojackia dolichocarpa C. J. Qi

野茉莉科秤锤树属落叶乔木，高达 12 m，胸径约 14 cm；树皮平滑，不开裂。当年生小枝红褐色，二年生小枝暗褐色，有纵条纹。单叶互生，薄纸质，卵状长圆形、椭圆形或卵状披针形，长 8～13 cm，宽 3.5～4.8 cm，先端渐尖，基部宽楔形或圆形，边缘具细锯齿，表面除中脉疏生星状柔毛外无毛，背面疏生长柔毛，侧脉每边 8～10 条；叶柄长 4～7 mm，疏被星状长柔毛。花两性；总状聚伞花序生于侧生小枝上，有花 5～6 朵；花白色；花萼陀螺形，被灰色棉毛状长柔毛；花冠 4 深裂，裂片长圆形，外面被长柔毛；雄蕊 8；花柱钻形；子房 4 室。核果倒圆锥形，密被灰褐色长柔毛。花期 4～5 月；果期 9～10 月。

产于湖南石门及桑植地区；生于山地小溪边。

为中国特产树种，国家二级保护植物。花洁白无暇，果实形似秤锤，极具特色，具有很高的观赏性和科学研究价值；常作为庭园观赏树栽培。

秤锤树

Sinojackia xylocarpa Hu

　　野茉莉科秤锤树属落叶乔木，高达 7 m，胸径约 10 cm。嫩枝密被星状毛，后脱落。单叶互生，纸质，倒卵形或椭圆形，长 3～9 cm，宽 2～5 cm，先端钝尖，基部楔形或近圆形，具硬质锯齿，生于花序枝基部的叶卵形，长 2～5 cm，基部圆形或心形，侧脉 5～7 对，两面沿侧脉网状脉疏被星状毛；叶柄长约 5 mm。花两性；聚伞花序具花 3～5 朵；花白色，常下垂；萼筒倒圆锥形，长约 4 mm，密被星状短柔毛，萼齿 5，少数 7，披针形；花冠钟形，5 裂，裂片长圆状椭圆形，两面被星状绒毛；雄蕊 10～14；花柱线形。核果卵形，熟时红褐色。花期 4～5 月；果期 9～10 月。

　　产于江苏南京、浙江杭州、湖北武汉，上海、山东等地有栽培；生于海拔 300～800 m 的林缘或疏林中。

　　为中国特产树种，已濒于灭绝，国家二级保护植物。枝叶浓密，色泽苍翠，初夏盛开白色小花，洁白可爱，秋季叶落后宿存的悬挂果实宛如秤锤满树，颇具野趣，是一种优良的观花、观果树种。

花 枝

叶 枝

树 形

果 枝

树 皮

玉铃花

Styrax obassius Sieb. et Zucc.

野茉莉科野茉莉属落叶小乔木，高达 14 m，胸径约 15 cm；树皮灰褐色，平滑。幼枝略扁，常被褐色星状长柔毛，后脱落。小枝最下两叶近对生，叶椭圆形或卵形，长 4.5～10 cm，先端短尖，基部圆；叶柄长 3～5 mm；生于小枝上部的叶互生，宽椭圆形或近圆形，长 5～15 cm，宽 4～10 cm，先端短尖或渐尖，基部稍圆或宽楔形，具粗锯齿，侧脉 5～8 对；叶柄长 1～1.5 cm，基部膨大包芽。花两性；总状花序顶生或基部二至三歧，长 5～15 cm，有花 10～20 朵；花白色或粉红色；小苞片线形，早落；花萼杯状，顶端具齿；花冠裂片椭圆形；雄蕊 10，较花冠短；花柱无毛；子房上位。核果卵形，密被黄褐色星状毛。花期 5～7 月；果期 8～9 月。

产于辽宁东南部、山东、江苏、浙江、安徽、江西和湖南等地；生于海拔 700～1500 m 的山区林中。喜光，喜湿润、肥沃、疏松土壤。

花美丽，芳香，可提取芳香油及供观赏；材质坚硬，富弹性，纹理致密，供雕刻、制作器具等用；种子油可制作肥皂及润滑油；果可药用。

树 形

叶 枝

果 枝

叶 枝

植 株

丛植景观

木樨科
OLEACEAE

金叶连翘

Forsythia suspensa 'Aurea'

木樨科连翘属落叶灌木，为连翘的栽培变种。株高达3 m。枝细长并展开呈拱形，节间中空，节部有隔板，皮孔多而显著。单叶对生，叶片卵形或卵状椭圆形，长3～10 cm，先端尖，基部圆形或宽楔形，缘有锯齿，有少数的叶3裂或裂成3小叶状，叶片金黄色有光泽；叶柄长0.8～1.4 cm。花两性；花单生或簇生；花冠钟状，4深裂，亮黄色；雄蕊2，雄蕊常短于雌蕊。蒴果卵圆形，长1.2～2 cm，具长喙，疏生疣点状皮孔。花期3～4月；果期7～9月。

产于辽宁、河北、山西、陕西、山东、河南、湖北、四川等地；生于海拔250～2200 m的山坡灌丛、山沟疏林中。喜光，耐半阴，较耐寒，耐干旱、瘠薄土壤。

春季开花，满树金黄，甚为美丽，是优良的观赏花木。

植 株

叶 枝

金边连翘
Forsythia suspensa 'Jinbian'

木樨科连翘属落叶灌木，为连翘的栽培变种。叶边缘金黄色。其他特征与金叶连翘相同。

金脉连翘
Forsythia suspensa 'Aureo Reiticulata'

木樨科连翘属落叶灌木，为连翘的栽培变种。叶色嫩绿，叶脉为金黄色。其他特征与金叶连翘相同。

植 株

叶 枝

树 形

叶枝（秋）

白蜡树

Fraxinus chinensis Roxb.

木樨科白蜡属落叶乔木，高达 15 m。幼枝灰绿色，无毛，小枝节部和节间压扁状。奇数羽状复叶对生；小叶 5 ～ 7(9)，卵状椭圆形或倒卵形，长 3 ～ 10 cm，先端渐尖或钝，基部宽楔形，具锯齿，背面中脉基部有绒毛。圆锥花序顶生或腋生；花单性异株或同株；雄花花萼杯状，长约 1 mm；雌花花萼长筒形，长 2 ～ 3 mm。翅果倒披针形，长 3 ～ 4 cm。花期 4 ～ 5 月；果期 7 ～ 9 月。

产于我国东北南部，华北、西北经长江流域至华南北部均有分布。喜光，耐阴；喜温暖，也耐寒；在钙质、中性、酸性土上均可以生长，并耐轻度盐碱；耐旱，抗烟尘；深根性，萌蘖能力强，生长较快；耐修剪。

可作为庭荫树、行道树及堤岸树；材质优良，供编制各种用具。

树 皮

树形（秋）

果 枝

树形

金叶白蜡
Fraxinus chinensis
'Aurea'

　　木樨科白蜡属落叶乔木，为白蜡树的栽培变种。叶春季金黄色，夏季变成绿色，秋季又变成黄色。其他特征与白蜡树相同。

叶枝

盆 景

湖北白蜡（对节白蜡）
Fraxinus hupehensis Chu, Shang et Su

　　木樨科白蜡属落叶乔木，高达 19 m，胸径约 1.5 m；树皮深灰色，老时纵裂。营养枝常棘刺状；小枝挺直，被细绒毛或无毛。奇数羽状复叶对生，复叶长 7 ～ 15 cm，叶柄长 3 cm，基部不增粗，叶轴具窄翅；小叶 7 ～ 9(11)，卵状披针形或披针形，长 1.7 ～ 5 cm，宽 0.6 ～ 1.8 cm，先端渐尖，基部楔形，具锐锯齿，表面无毛，背面沿中脉基部被柔毛，侧脉 6 ～ 7 对；小叶柄长 3 ～ 4 mm，被柔毛。花杂性，簇生于上一年生枝上，呈密集聚伞圆锥花序，长约 1.5 cm；两性花，花萼钟形；雄蕊 2，花药长 1.5 ～ 2 cm，花丝长 5.5 ～ 6 mm；花柱长，柱头微 2 裂。翅果窄倒披针形，长 4 ～ 5 cm，宽 5 ～ 8 mm。花期 2 ～ 3 月；果期 9 月。

　　产于湖北钟祥及京山接壤地区大洪山余脉；生于海拔 600 m 以下的低山地区。

　　本种萌芽力极强，易修剪造型，被誉为"盆景之王"，是盆景、根雕家族的极品；树形优美，盘根错节，苍劲挺秀，观赏价值极高。为我国特有珍稀树木，应予以保护。

树 形

叶 枝

叶枝（秋）

叶 枝

金边卵叶女贞

Ligustrum ovalifolium 'Aureum'

木樨科女贞属半常绿灌木，为卵叶女贞的栽培变种。树冠近球形，高2～3(5) m。枝叶无毛。单叶对生，叶椭圆状卵形，长2.5～4(7) cm，表面暗绿色而有光泽，背面淡绿色，叶缘具有宽的黄色或乳黄色边。圆锥花序直立而多花，长9～12 cm；花冠筒长为裂片长的2～3倍，花梗短。花期7月；果期11～12月。

常植于庭园供观赏。

叶 枝

植 株

银边卵叶女贞

Ligustrum ovalifolium 'Albo-merginatum'

木樨科女贞属半常绿灌木，为卵叶女贞的栽培变种。叶缘具白色或黄白色边。其他特征与金边卵叶女贞相同。

树 形

小蜡（山指甲）

Ligustrum sinense Lour.

木樨科女贞属落叶小乔木或灌木，高 2～4(7) m。小枝圆，幼时被淡黄色柔毛，后脱落。单叶对生，叶厚纸质或薄革质，椭圆形、卵形或椭圆状卵形，长 2～7(9) cm，宽 1～3(3.5) cm，背面沿中脉有柔毛，侧脉 4～6(7) 对，在表面微凹下；叶柄长 2～5(8) mm，被柔毛。花两性；花序顶生或腋生，长 7～11 cm，直径 3～8 cm，花序轴被淡黄色柔毛；花梗长 1～3 mm；花萼长 1～1.5 mm；花冠筒长 1.5～2.5 mm，裂片长 2～4 mm。核果近球形，直径 5～8 mm。花期 4～6 月；果期 9～10 月。

产于长江以南地区；生于海拔 200～2600 m 的山坡、山谷、溪边、林中。

枝叶细密，耐修剪整形，生长慢，各地均用作绿篱；果实可酿酒；种子油供制肥皂；树皮和叶可药用。

叶 枝

果 枝

植 株

叶 枝

斑叶小蜡
Ligustrum sinense
'Variegatum'

　　木樨科女贞属落叶小乔木或灌木，为小蜡的栽培变种。叶灰绿色，边缘有不规则的乳白色或黄白色斑块。花期3～6月。其他特征同小蜡。

　　叶色美丽，耐修剪，可作为绿篱及地被植物栽培供观赏。

丛植景观

树形

油橄榄（木樨榄）

Olea europaea L.

木樨科木樨榄属常绿小乔木，高达10 m；树皮灰色。小枝具棱角，密被银灰色鳞片。单叶对生，叶革质，披针形、长圆状椭圆形或窄卵形，长1.5～6 cm，宽0.5～1.5 cm，先端渐尖或尖，有骤尖头，基部渐窄或楔形，全缘，叶缘反卷，表面深绿色，稍被银灰色鳞片，背面浅绿色，密被银灰色鳞片，侧脉5～11对，不明显，在表面微凸起；叶柄长2～5 mm，密被银灰色鳞片。圆锥花序顶生或腋生，长2～4 cm；花序梗长0.5～1 cm，被银灰色鳞片；苞片披针形或卵形；花两性，芳香，有功能性单性花；花梗长0～1 mm；花萼长1～1.5 mm；花冠白色，长3～4 mm，花冠筒长约1 mm；裂片长圆形，长1.5～3 mm，边缘内卷。核果椭圆形或近球形，长0.7～4 cm。花期4～5月；果期6～9月。

原产于欧洲南部地中海沿岸地区。我国有引种，多栽培于长江流域及其以南地区。喜光、喜温暖，喜深厚、排水良好的石灰质土壤，稍耐旱，不耐水湿。

果可加工食用；果核可榨优质油，为著名的油料植物，供食用或药用。

叶枝

树皮

造型

尖叶木樨榄（锈鳞木樨榄）
Olea europaea L. subsp. *cuspidata* (Wall.) Ciferri

　　木樨科木樨榄属常绿小乔木，高达10m；树皮灰色。小枝及叶背面密被锈褐色鳞片。单叶对生，叶窄披针形或窄长圆状椭圆形，长3～10cm，宽1～2cm，先端渐尖，有骤尖头。花两性；圆锥花序腋生，长1～4cm；花小，白色。核果宽椭圆形或近球形，长7～9mm，中果皮薄，稍肉质。花期4～8月；果期8～11月。

　　产于云南南部、四川等地；生于海拔600～2800m的灌丛中、溪边。

　　枝叶细密、耐修剪、适宜做造型，是优良的园林绿化树种。

叶枝

植株

造型

金桂

Osmanthus fragrans
'Thunbergii'

木樨科木樨属常绿小乔木，为桂花的栽培变种。高达 12 m；树皮灰色，不裂。单叶对生，长椭圆形，长 5～12 cm，两端尖，边缘具疏齿或近全缘；硬革质；叶腋具 2～3 叠生芽。聚伞花序顶生或腋生；花小，黄色至深黄色，浓香。核果卵球形，蓝紫色。花期 9～11 月；果期翌年 3～5 月。

原产于我国西南地区，现各地广泛栽培。喜光，喜温暖气候，不耐寒；对土壤要求不严，但以排水良好、富含腐殖质的沙质壤土为佳。

为优良的庭园观赏树种；花可作为香料可药用。

叶枝

树形

花枝

四季桂

Osmanthus fragrans 'Semperflorens'

　　木樨科木樨属常绿小乔木，为桂花的栽培变种。高达12m；树皮灰色，不裂。单叶对生，长椭圆形，长5～12cm，两端尖，边缘具疏齿或近全缘，硬革质；叶腋具2～3叠生芽。聚伞花序顶生或腋生；花小，黄白色，浓香。核果卵球形，蓝紫色。花5～9月陆续开放，但以秋季开花较盛。

　　原产于我国西南地区，现各地广泛栽培。喜光，喜温暖气候，不耐寒；对土壤要求不严，但以排水良好、富含腐殖质的沙质壤土为佳。

　　为优良的庭园观赏树种；花可作为香料并可药用。

叶 枝

树 形

群植景观

花 枝

植 株

丛植景观

马钱科
LOGANIACEAE

白花醉鱼草
Buddleja asiatica Lour.

马钱科醉鱼草属半常绿灌木，株高 1～3 m。叶对生，纸质，披针形、长圆状披针形或长椭圆形，顶端渐尖或长渐尖，基部楔形或圆形，边缘具深锯齿。花两性；聚伞花序圆锥形，顶生，花白色，芳香。蒴果。花期 6～9 月；果期 8～12 月。

产于陕西、甘肃、河南、湖北、湖南、四川、贵州、云南等地。喜光，喜湿润，亦耐旱，喜肥沃、疏松、排水良好的沙质土壤。

花繁茂，具芳香，适合庭园栽培供观赏。

果 枝

花 枝

灰莉

Fagraea ceilanica Thunb.

马钱科灰莉属常绿小乔木，高12～15m；全株无毛。叶对生，椭圆形至长倒卵形，长7～15cm，先端突尖，基部楔形，全缘，革质，有光泽。花1～3；聚伞状；花冠白色，芳香，漏斗状5裂，筒部长3～3.5cm，裂片开展，长2.5～3cm；雄蕊5。浆果卵球形，直径3～5cm。花期4～6(8)月；果期7月至翌年3月。

原产于印度及东南亚。我国台湾、华南及云南有分布。喜光，耐半阴，喜暖热气候及肥沃和排水良好土壤，不耐寒。

花大，芳香，植于庭院或作为绿篱供观赏；近年来多被用作大型盆栽，于建筑物内外摆设供观赏。

树 形

花 枝

盆 栽

叶 枝

叶枝

花枝

植株

夹竹桃科
APOCYNACEAE

紫蝉花
Allamanda blanchetii A. DC.

夹竹桃科黄蝉属蔓性灌木，蔓长可达3m。常4叶轮生，叶长椭圆形至倒披针形，先端尖，全缘，背面脉上有绒毛。花两性，腋生；花冠漏斗形5裂，直径达10cm，淡紫色至桃红色。蓇葖果。花期春末至秋季。

原产于巴西。我国深圳等地有引种栽培。

花柔美悦目，花期持久，是庭院美化树种。

树 形

叶 枝

盆架树
Winchia calophylla A. DC.

夹竹桃科盆架树属常绿乔木，高达 30 m，胸径约 1.2 m；树皮淡黄色至灰黄色，具纵裂纹。小枝绿色。叶薄革质，3～4 片轮生，稀对生，长圆状椭圆形，长 7～20 cm，先端短尾状或尖，背面浅绿色稍灰白色，无毛，侧脉达 50 对，两面凸起；叶柄长 1～2 cm。花两性；聚伞花序顶生，总花梗长 1.5～3 cm；萼片卵圆形，长达 1.5 mm；花冠白色，花冠筒长 5～6 mm，外面被柔毛，喉部密，裂片宽椭圆形，长 3～6 mm，外面被微毛，内面被柔毛；子房无毛。蓇葖果长达 35 cm，直径约 1.2 cm。花期 4～7 月；果期 8～12 月。

产于云南、海南等地；生于海拔 500～800 m 的山谷和山腰缓坡地带。为热带山地常绿林和山谷热带雨林中的常见树种。

枝叶秀丽，树形美观，在我国华南一些城市常作为行道树和观赏树种；叶、树皮可入药。

行道树景观

叶 枝

树 皮

树 形

果 枝

海杧果 *Cerbera manghas* L.

夹竹桃科海杧果属常绿乔木,高达8 m,胸径约20 cm;树皮灰褐色。枝绿色,无毛。叶互生,厚纸质,倒卵状长圆形或倒卵状披针形,长6～37 cm,宽2.3～7.8 cm,先端钝或突尖,基部楔形,无毛;叶柄长2.5～5 cm,无毛。聚伞花序顶生;花白色,喉部红色或黄色,直径约5 cm,芳香。核果双生或单生,宽卵圆形或球形。花期3～10月;果期7月至翌年4月。

产于广东、广西、海南、台湾等地;生于海边或近海湿润地。喜光,喜温暖湿润气候,喜疏松、肥沃、排水良好的沙质土壤。

花美丽,具芳香,适合庭园、公园等滨水地方栽培供观赏;树皮、叶、乳液均可药用。

云南蕊木

Kopsia officinalis Tsiang et P. T. Li

夹竹桃科蕊木属常绿乔木；树皮灰褐色。幼枝略有微毛，老枝无毛。叶对生，坚纸质，长椭圆形或椭圆形，长12～24 cm，宽3.5～6 cm，幼叶表面及背面脉上被微毛，后脱落，侧脉约20对；叶柄长1～1.5 cm。花两性；聚伞花序顶生，花序具40余朵花；总花梗14 cm，被微毛；花梗长3～4 mm；萼片卵状长圆形，长约4 mm；花冠白色，高脚碟状，花冠筒较花萼长，近顶部膨大，内面被长柔毛；裂片披针形，长约1.9 cm；花盘为2枚舌状片，线状披针形。核果椭圆状，长达3.5 cm。种子椭圆形，长约2.2 cm。花期4～9月；果期9～10月。

产于云南南部，广州、厦门有引种栽培；生于海拔500～800 m的山地疏林中或路旁。

花朵洁白，轻盈妩媚，可作为庭园树栽培供观赏；树皮可药用。

花枝

树形

叶枝

果枝

树皮

叶 枝

花 枝

植篱景观

植 株

白花夹竹桃

Nerium indicum 'Paihua'

　　夹竹桃科夹竹桃属常绿灌木或小乔木，为夹竹桃的栽培变种。高达5m。3叶轮生，狭披针形，长11～15cm，全缘而略反卷，侧脉平行，硬革质。花两性；聚伞花序排成伞房状，顶生；花冠白色，漏斗形，直径2.5～5cm；裂片5，倒卵形并向右扭旋；喉部有鳞片状副花冠5，顶端流苏状；菁葖果细长，长10～18cm。花期6～10月；果期冬春季。

　　原产于伊朗、印度及尼泊尔。我国长江流域以南地区有栽培；北方温室盆栽。喜光，喜温暖湿润气候，不耐寒，耐烟尘，抗有毒气体能力强。

　　为常见的观赏花木，北方多盆栽供观赏。

叶 枝

植篱景观

花 枝

行道树景观

粉花夹竹桃

Nerium indicum 'Roseum'

夹竹桃科夹竹桃属常绿灌木或小乔木，为夹竹桃的栽培变种。花冠粉红色。其他特征同白花夹竹桃。

植 株

红鸡蛋花

Plumeria rubra L.

夹竹桃科鸡蛋花属落叶小乔木，高达5 m。枝条粗，稍肉质，叶痕大。叶互生，厚革质，长圆状倒披针形或长椭圆形，长达 40 cm，宽约 8 cm，无毛，侧脉每边30～40，近水平横出，近叶缘网结；叶柄长约 7 cm，腹面基部有腺体。花两性；二至三歧聚伞花序顶生，花序长达 32 cm，直径约 15 cm，肉质；萼片卵圆形，长约 1.5 mm；花冠深红色，花冠筒长约2 cm，直径约 3 mm；裂片窄倒卵形或椭圆形，长约 4.5 cm。蓇葖果长圆筒状，长约 11 cm，直径约 1.5 cm。花期 3～9 月；果期 7～12 月。

原产于南美洲。我国广东、广西、云南、福建等地有栽培。

花鲜红色，枝叶翠绿，树形美观，是优良的庭园观赏树种；花、树皮可药用。

树形

花枝

叶枝

四叶萝芙木

Rauvolfia tetraphylla L.

　　夹竹桃科萝芙木属常绿灌木。枝条被微柔毛，后脱落。叶 (3)4(5) 片轮生，膜质，卵圆形至卵状椭圆形，大叶长 5～15 cm，宽 2～4 cm，小叶长 1～4 cm，宽 0.8～3 cm，两面被绒毛，后渐脱落，侧脉 5～12 对；叶柄长 2～5 mm。花两性；聚伞花序，总花梗长 1～4 cm，幼时被长柔毛，后渐脱落；萼片卵圆形；花冠白色，坛状，花冠筒长 2～3 mm，外被长柔毛，后脱落，内面近喉部密被柔毛，裂片卵圆形，长约 1 mm；雄蕊生于花冠筒喉部；花盘环状，高达 2 mm。核果球形，合生，直径达 8 mm，无毛，嫩时绿色，后红色，熟时黑色。花期 5～7 月；果期 6～11 月。

　　原产于南美洲。我国广东、海南、广西、云南等地有栽培。

　　花果美丽，观赏期长，可用作庭园观赏树；果实乳汁可制作墨水和黑色染料。

花枝

叶枝

植株

果枝

树形

萝芙木
Rauvolfia verticillata
(Lour.) Baill.

　　夹竹桃科萝芙木属常绿灌木，高1～3 m；茎皮灰白色。幼枝绿色。叶膜质，3～4片轮生，稀对生，长椭圆状披针形，长3～16 cm，宽0.3～3 cm，基部楔形。花两性；聚伞花序排成伞形；萼裂片三角形；花冠白色，高脚碟状，花冠筒中部膨大，长1～1.8 cm；雄蕊生于花冠筒中部，花药背部着生；花盘环状；子房一半埋藏在花盘内。核果离生，卵圆状或椭圆状，初绿色，后暗红色，熟时紫黑色。花期2～10月；果期4月至翌年春季。

　　产于贵州南部、云南东南部及南部、广西、广东、海南、台湾等地；多生于溪边、林缘、坡地、阴湿林下或灌丛中。稍耐阴，喜温暖湿润气候，不耐寒，在肥沃深厚沙壤土上生长良好。

　　庭园观赏树种；根、叶可药用。

叶枝

植株

花枝

果枝

狗牙花

Tabernaemontana divaricata 'Gouyahua'

　　夹竹桃科狗牙花属常绿灌木，为单瓣狗牙花的栽培变种。多分枝，无毛，有乳汁。单叶对生，长椭圆形，长6～15 cm，全缘，亮绿色。聚伞花序腋生；花白色，高脚碟状，重瓣，边缘有皱纹，直径达5 cm，芳香。蓇葖果叉开。花期4～9月；果期秋季。

　　原产于云南南部。台湾、福建、广东、海南、广西有栽培；生于山地阔叶林中。喜潮湿、肥沃土壤。

　　栽培供观赏；叶、根可药用。

叶枝

丛植景观

树 形

倒吊笔

Wrightia pubescens R. Br.

　　夹竹桃科倒吊笔属落叶乔木，高达20 m，胸径约60 cm；树皮灰白色至灰黄褐色，浅纵裂。小枝被柔毛，后渐脱落，密生皮孔。单叶对生，叶长圆状披针形、卵圆形或卵状长圆形，长5～10 cm，全缘。花两性；聚伞花序顶生，花序长约5 cm；萼片短于花冠筒，宽卵形或卵形，被微柔毛，内面基部有腺体；花冠漏斗状，白色、浅黄色或粉红色，花冠裂片长圆形，副花冠具10枚鳞片，流苏状；雄蕊突出。蓇葖果2个黏生，线状披针形，长15～30 cm，直径1～2 cm，灰褐色，斑点不明显。花期4～8月；果期8月至翌年2月。

　　产于广东、海南、广西、云南南部、贵州等地；散生于低海拔热带雨林和干旱稀疏林中。喜光，喜深厚、肥沃、湿润土壤。

　　树干通直，枝叶繁茂，可用于园林绿化；为雕刻优良用材；树皮为人造棉及造纸原料；根、茎皮可药用。

叶 枝

树 皮

花枝

叶枝

沙漠玫瑰
Adenium obesum (Forssk.)
Roem. et Schult.

　　夹竹桃科沙漠玫瑰属多肉灌木或小乔木，高 2～4.5 m；树干下部肿胀。叶互生，集生于枝顶，倒卵形至椭圆形，长达 15 cm，全缘，先端钝而具短尖，肉质，绿色，有光泽；近无柄。花两性；伞房花序顶生，花冠漏斗状，外面有短柔毛，5 裂，直径约 5 cm，外缘红色至粉红色，中部色浅，裂片边缘波状。蓇葖果长角状。花期春季至秋季。

　　原产于非洲东部至阿拉伯半岛南部。我国华南地区有栽培。喜阳光充足及干热环境，很不耐寒。

　　常植于庭园或盆栽供观赏。

植株

果枝

萝藦科
ASCLEPIADACEAE
钉头果
Gomphocarpus fruticosus (L.) R. Br.

萝藦科钉头果属常绿灌木，高2～3m。小枝绿色。叶对生，线状披针形，长6～10cm，先端尖，基部下延，全缘，边缘反卷。花两性；聚伞花序下垂；花萼5深裂，花冠白色，副花冠裂片5，黑色，盔状。蓇葖果卵球形，直径约3cm，顶端具长尖头，浅黄绿色，疏生刺毛；种子顶端具长毛。花期夏季；果期秋季。

原产于非洲。我国华南地区有栽培。喜光，喜高温、多湿气候，不耐干旱和寒冷。

果形如气球，若被挤压扁，稍后能复原，是罕见的观花、观果植物；带果的枝条是新颖的切花材料。

植株

植株

叶枝

花枝

植篱景观

植篱景观

紫草科 BORAGINACEAE

基及树（福建茶）*Carmona microphylla* (Lam.) G. Don

　　紫草科基及树属常绿灌木，多分枝，高1～3m。单叶互生或在短枝上簇生，匙状倒卵形，长1～5cm，先端圆钝，基部渐狭成短柄，近端部有粗圆齿，两面粗糙，表面有白色小斑点。花两性；2～6朵成聚伞花序；花小，白色，花柱分裂几达基部。核果球形，直径约5mm，熟时红色或黄色。花、果期11月至翌年4月。

　　产于广东、海南、台湾等地。喜光，喜温暖、湿润气候，耐半阴，不择土壤，不耐寒，耐修剪。

　　枝叶细密，适宜修剪造型，常作为绿篱及盆景材料。

树形

粗糠树
Ehretia macrophylla Wall.

　　紫草科厚壳树属落叶乔木，高达15 m。小枝幼时稍有毛。叶互生，椭圆形，长9～18 cm，基部广楔形至近圆形，缘有锯齿，表面粗糙，背面密生粗毛。花两性；伞房状圆锥花序；花小，白色，芳香。核果黄色，近球形，直径1～1.5 cm。花期3～5月，果期4～7月。

　　产于长江流域及以南地区；山野常见。

　　为庭园绿化树种。

叶枝

树皮

果 枝

马鞭草科 VERBENACEAE

白果小紫珠
Callicarpa dichotoma 'Albo-fructa'

马鞭草科紫珠属落叶灌木，为小紫竹的栽培变种。高
1～2 m。小枝略带紫色，有星状毛。单叶对生，倒卵状长椭
圆形，长 3～8 cm，中部以上有粗锯齿，背面无毛，有黄棕
色腺点。聚伞花序腋生，花淡紫色，花药纵裂，花萼无毛；花
序柄长为叶柄长的 3～4 倍，着生在叶柄基部稍上一段距离
的茎上。核果球形，直径约 4 mm，白色。花期 6～7 月；果
期 9～11 月。

产于我国东北等地，园林中常见栽培。

为美丽的观果树种。

植 株

兰香草（莸）

Caryopteris incana (Thunb.) Miq.

马鞭草科莸属落叶灌木，高 25～60 cm。幼枝被灰白色柔毛，老时脱落。单叶对生，叶厚纸质，披针形、卵形或长圆形，长 1.5～9 cm，宽 0.7～4 cm，具粗锯齿，两面被柔毛及金黄色腺点，背面尤密。花两性；聚伞花序紧密，腋生或顶生；无苞片和小苞片；花萼杯状，外面密被柔毛；花冠淡紫色或淡蓝色，二唇形，外面有毛环，下唇中裂片较大，边缘流苏状。蒴果上部被粗毛，果瓣有宽翅，宿萼长 4～5 mm。花、果期 6～10 月。

产于我国华东等地；生于较干旱的山坡、路边或林缘。喜光，耐半阴，喜温暖气候及湿润的钙质土。

花美丽，为园林观赏植物。

植 株

花 枝

地被景观

红萼龙吐珠

Clerodendrum splendens G. Don

马鞭草科大青属常绿柔弱灌木，高2～5 m；茎4棱。叶对生，椭圆状卵形，长6～10 cm，先端渐尖，基部圆形。花两性；二歧聚伞花序；花梗长，花朵下垂；花萼膨大，5裂，鲜红色；花冠高脚碟状，鲜红色，雄蕊及花柱长而突出。浆果。花期8～9月。

原产于非洲西部热带地区。我国华南地区有栽培。喜光，喜暖热、湿润气候及肥沃而排水良好的土壤，不耐寒。

花萼红色，美丽，持久不凋，为优良的观花植物；叶可入药。

植 株

叶 枝

花 枝

花 枝

植 株

金边假连翘
Duranta repens
'Marginata'

马鞭草科假连翘属常绿灌木，为假连翘的栽培变种。高达 3 m。幼枝有柔毛。单叶对生或轮生，叶卵状椭圆形或卵状披针形，长 2～6.5 cm，叶缘有不规则黄色斑块，中部以上有锯齿。总状圆锥花序顶生，花冠蓝紫色。核果球形，无毛，有光泽，直径约 5 mm，宿萼全包果。花、果期 5～10 月；南方全年开花。

原产于美洲热带地区。我国华南地区多有栽培。喜光，耐半阴，不耐寒，喜排水良好的土壤。

花、叶、果俱美，我国华南地区多作为绿篱或地被植物栽培供观赏，也可盆栽供观赏。

叶枝

花枝

地被景观

蔓马缨丹

Lantana montevidensis
(Spreng.) Brig.

　　马鞭草科马缨丹属常绿蔓性灌木。单叶对生，卵形，长约2.5 cm，先端尖，基部楔形，缘有锯齿，两面被毛。花密集呈头状花序，顶生或腋生，直径2.5 cm以上，花淡紫色。核果，肉质。几乎全年开花。

　　原产于南美洲。我国南方有栽培。喜光，喜温暖、湿润气候。

　　全年开花，观赏性极佳，适合用于路边、池畔、坡地等的绿化美化，也可以用于花坛、花台、花境等，栽培供观赏。

植株

叶 枝

黄荆

Vitex negundo L.

　　马鞭草科牡荆属落叶灌木或小乔木，高达5 m。小枝四棱形，密生灰白色绒毛。掌状复叶对生，小叶常5枚，间有3枚，卵状长椭圆形至披针形，全缘或疏生浅齿，背面密生灰白色细绒毛。圆锥花序顶生；花冠浅紫色，外面有绒毛，端5裂，二唇形。核果球形，大部分被宿存萼包被。花期夏季；果期秋季。

　　全国各地均有分布；多生于山坡、路旁及林缘。

　　茎皮为造纸和人造棉原料；茎、叶、根、种子均可入药。

树 形

花 枝

花枝

茄科 SOLANACEAE

红瓶儿花

Cestrum × newellii Nichols.

茄科夜香树属蔓性常绿灌木，高2～2.5 m。多分枝，茎柔软，有毛。叶互生，卵形至长椭圆状披针形，长5～10 cm，全缘，深绿色，被毛。圆锥花序顶生；花冠筒状，长约2.5 cm，在口部明显收缩成瓶状，端5小裂，亮深红紫色，外面有毛。浆果深红色。花期几乎全年。

为人工杂交种，其亲本原产于墨西哥。我国华南地区有栽培。喜光，喜高温、高湿气候及肥沃、湿润土壤，不耐寒。

长江以南地区露地栽培，长江以北地区常于温室栽培供观赏。

叶枝

植株

植株

花枝

木本曼陀罗

Datura arborea L.

　　茄科曼陀罗属常绿灌木或小乔木，高达 4.5 m；茎粗壮，上部分枝。叶互生，大小不相等，卵状披针形、长圆形或卵形，长 9～22 cm，宽 3～9 cm，先端渐尖或尖，基部偏斜、楔形或宽楔形，全缘、微波状或具不规则缺刻状齿，两面均被微柔毛，侧脉 7～9 对；叶柄长 1～3 cm。花两性，单生，俯垂；花萼筒状，中部膨大，长 8～12 cm，直径 2～3 cm；花冠白色，具绿色脉纹，长漏斗状，长达 23 cm，直径 8～10 cm；裂片先端长渐尖。朔果浆果状，俯垂，平滑，卵圆形，长达 6 cm。花期 7～9 月；果期 10～12 月。

　　原产于美洲热带地区。我国云南西双版纳植物园露地有栽培，芒市林中已野化，福州、广州可在露地生长，昆明、北京、青岛温室有栽培。喜光，不耐寒，对土壤要求不严。

　　花朵硕大，下垂，颇为美观，可作为观赏花木；北方常于温室栽培供观赏；叶和花含茛菪碱和东莨菪碱，可供药用。

叶枝

景观

花枝

花枝

粉花曼陀罗

Datura sanguinea 'Rosa Traum'

茄科曼陀罗属常绿大灌木，为红花曼陀罗的栽培变种。高2～4m。叶互生，卵状长椭圆形，全缘；具长柄。花两性；单花腋生，下垂；花萼筒状，先端5裂，花冠喇叭状，粉红色或淡橙红色。蒴果。花、果期全年。

原产于秘鲁。我国华南地区有栽培。喜光，稍耐阴，喜温暖湿润，不择土壤。

花色粉红，娇俏美丽，适合路边、山石边、林缘等处栽培供观赏；也可盆栽供观赏。

植株

盆 栽

植 株

花 枝

叶 枝

鸳鸯茉莉

Brunfelsia acuminata Benth.

　　茄科鸳鸯茉莉属常绿灌木，高1～2m。叶披针形，互生，长4～7cm，先端尖，全缘。花两性；1至数朵花成聚伞花序；花冠漏斗形，筒部细，长约2cm，冠檐5裂，直径约3.5cm，初开时蓝紫色，后渐变为淡蓝色，最后为白色。花期春季至秋季。

　　原产于美洲热带地带。我国华南地区有栽培。喜光，喜高温、湿润环境及疏松、肥沃、排水良好的微酸性土壤。

　　花繁叶茂，宜植于庭园或盆栽供观赏。

植株

金杯藤（金杯花）

Solandra nitida Zucc.

　　茄科金杯花属常绿藤本，长5m以上，多分枝。叶互生，长椭圆形，长10～12cm，先端渐尖，基部广楔形，全缘，有光泽。花两性；大型，顶生；花冠黄色至淡黄色，杯状5浅裂，裂片反卷，筒部内有5条棕色线纹，花直径14～15cm，雄蕊5。花期春季至夏初。

　　原产于墨西哥。我国台湾、福建、广东等地有栽培。喜光，喜暖热湿润气候及肥沃和排水良好的土壤，不耐干旱和寒冷。

　　枝叶茂密，花大而美丽，在暖地宜作为攀缘绿化树种或盆栽。

叶枝

花枝

紫葳科
BIGNONIACEAE
火烧花
Mayodendron igneum (Kurz.) Kurz.

紫葳科火烧花属常绿乔木，高达 15 m，胸径约 20 cm；树皮光滑。三出二回羽状复叶对生，复叶长达 60 cm；小叶卵形或卵状披针形，长 8～12 cm，宽 2.5～4 cm，先端长渐尖，基部偏斜，全缘，无毛。花两性；短总状花序顶生于短侧枝上，花序有 5～13 朵花，花橘红色至橙黄色；花萼一边开裂成佛焰苞状，长约 1 cm，密被细柔毛；花冠筒状，长 6～7 cm，檐部裂片 5，半圆形，雄蕊 4。蒴果长达 45 cm，直径约 7 mm，隔膜细圆柱形，木栓质；种子卵圆形，连翅长 1.3～1.6 cm。花期 2～5 月；果期 5～9 月。

产于台湾、广东、广西、云南南部；生于海拔 150～1900 m 的干热河谷、林中。

花美丽，是先花后叶的树种，可作为观赏树和行道树；花可食；木材褐色带灰色，材质较硬重。

树 形

叶 枝

树 形

老鸦烟筒花
Millingtonia hortensis L. f.

紫葳科烟筒花属常绿乔木，高达25 m。二至三回羽状复叶对生，复叶长0.4～1 m；小叶椭圆形、卵形或卵状长圆形，长5～7 cm，无毛，侧脉4～5对；小叶柄长1 cm，侧生小叶有时近无柄。花两性；聚伞圆锥花序顶生，花序直径约25 cm，花序轴和花梗被淡黄色柔毛；花梗细，长约1 cm；花萼直径2～4 mm；花冠筒长3～7 cm，基部直径2～3 mm。蒴果长30～35 cm，直径1～1.5 cm；种子盘状，长圆形，周围具膜质翅。花期9～12月。

产于云南南部；生于海拔500～1200 m 的疏林中。

树皮可药用。

花 枝

树 形

果 枝

小萼菜豆树 *Radermachera microcalyx* C. Y. Wu et W. C. Yin

紫葳科菜豆树属常绿乔木，高达 20 m。一回羽状复叶，长 40～56 cm；小叶 5～7(9)，卵状长椭圆形或卵形，长 11～26 cm，宽 4～6 cm，两面无毛，背面近基部脉腋散生黑色穴状腺体，侧脉 7～10 对；侧生小叶叶柄长 2～5.5 cm。花两性；聚伞花序顶生；花萼长宽均 3～5 mm，宿存；花冠淡黄色，冠筒长约 2.5 cm，直径约 5 mm，裂片 5，卵圆形，长约 1cm。蒴果绿色，下垂，长 20～28 cm，直径约 6 mm。花期 1～3 月；果期 4～12 月。

产于云南南部、广西西南部；生于海拔 340～1600 m 的山谷湿润疏林中。

树形优美，花色淡雅，适宜作为园林风景树及行道树。

植株

黄钟花
Tecoma stans (L.) Juss. ex HBK

　　紫葳科黄钟花属常绿灌木或小乔木，高6～9m。羽状复叶对生，小叶5～13，披针形至卵状长椭圆形，长达10 cm，有锯齿。花两性；总状花序顶生，花密集；花冠亮黄色，漏斗状钟形，长达5 cm，端5裂，二强雄蕊，花萼5浅裂。蒴果细长，长达20 cm；种子有2薄翅。花期冬末至翌年夏季。

　　原产于美国南部、中美洲至南美洲，热带地区广泛栽培。我国华南有引种栽培。喜光，喜暖热气候，不耐寒。

　　花黄色，亮丽，花期长，在暖地宜植于庭园供观赏。

叶枝

花枝

植株景观

叶枝

花枝

植株

叶枝

爵床科 ACANTHACEAE

黄脉爵床 *Sanchezia nobilis* Hook. f.

　　爵床科黄脉爵床属常绿灌木，高达 1.5 m。多分枝，枝常为红色。叶革质，对生，长椭圆形至倒卵形，长 10～15(30) cm，先端突尖，基部狭并下延，缘有钝齿，深绿色，主脉及侧脉黄色或乳白色（较细）。花两性；穗状花序顶生；苞片橙红色，显著，长达 3.7 cm；花冠管状二唇形，长约 5 cm，黄色，光滑；花萼红褐色。蒴果长圆形；种子 6～8。花期夏季。

　　原产于巴西，热带地区广为栽培。我国南部有引种栽培。喜光，喜高温多湿环境。

　　叶脉金黄，花艳丽，有极佳的观赏价值，常植于庭园或盆栽供观赏。

花 枝

麒麟吐珠
Calliaspidia guttata
Bremek.

　　爵床科麒麟吐珠属常绿小灌木，高约1m；茎较细弱，密被细毛。叶对生，卵形至长椭圆形，长3～7cm，全缘，先端短渐尖，基部渐狭成柄，有柔毛。花两性；穗状花序顶生，下垂，长达7.5cm，具覆瓦状棕红色至黄绿色的心形苞片；花冠二唇形，白色，下唇有紫红色斑。花期全年，春、夏季为盛花期。

　　原产于墨西哥。我国南方有引种栽培。喜阳光充足和暖热气候，不耐寒。

　　我国南部庭园和花圃常有栽培供观赏，长江流域及以北地区常于温室盆栽供观赏。

植 株

珊瑚花
Cyrtanthera carnea (Lindl.) Bremek.

爵床科珊瑚花属常绿亚灌木，高1～1.8 m；茎4棱，多分枝。叶对生，长圆状卵形，长9～15(25) cm，先端尖，全缘或波状，叶脉显著，基部下延。花两性；穗状圆锥花序顶生；苞片显著；花冠细二唇形，长约5 cm，紫红色或粉红色，上唇先端略凹并略内曲，下唇反卷，端3裂；雄蕊2。蒴果；种子4。花期全年，夏末至初秋为盛花期。

原产于南美洲北部。我国华南地区有栽培。喜温暖，不耐寒；喜湿润、通风良好的环境，喜肥沃、疏松、排水良好的土壤。

花红色美丽，花序似一丛丛的珊瑚，我国华南地区宜于庭园丛植或用于布置花坛，也常盆栽供观赏。

花枝

植株

红楼花
Odontonema strictum (Nees) Kuntze

　　爵床科红楼花属常绿灌木。叶对生，卵状披针形，全缘，色绿亮泽。花两性；红色穗状花序顶生；花梗细长，红色；花萼钟状，5 裂；花冠长筒状，喉部肥大，红色，二唇形，上唇 2 裂，下唇 3 裂；可孕雄蕊 2，不孕雄蕊 2；雌蕊心皮 2。蒴果棒状。花期 9～12 月。

　　原产于中美洲热带雨林地区。我国华南地区有分布。喜光，喜高温、多湿，耐干旱，耐水湿。

　　花红色，叶鲜绿色，花期长，适宜做绿篱等供观赏。

花枝

植篱景观

植株

叶枝

植株

果枝

茜草科
RUBIACEAE

中粒咖啡
Coffea canephora
Pierre ex Froehn.

　　茜草科咖啡属常绿小乔木或灌木，高达8 m。叶对生，厚纸质，椭圆形、卵状长圆形或披针形，长15～30 cm，宽6～12 cm，先端骤尖，叶缘稍浅波状，两面无毛，背面脉腋无小窝孔，侧脉10～12对；叶柄粗，长1～2 cm，托叶三角形。花两性；聚伞花序1～3簇生于叶腋，每花序有花3～6朵，花序梗极短；苞片2枚宽三角形，另2枚披针形或长圆形；萼筒短，顶部平截或具微齿；花冠白色，稀浅红色，长2～2.6 cm，(4)5～7(8)裂。浆果近球形，直径1～1.2 cm，具隆起花盘。花期4～6月。

　　原产于非洲。我国广东、海南、云南南部有栽培。喜阴，耐寒性较强，根系浅，不耐干旱。

　　种子咖啡因含量高，香味较差；在暖地可作为观花、观果树种。

树形

黄栀子（栀子花）

Gardenia jasminoides Ellis

茜草科栀子属常绿小乔木或灌木，高达3m。嫩枝被毛。单叶对生，稀3片轮生，倒卵状长椭圆形，长3～25cm，宽1.5～8cm，全缘，两面无毛，革质而有光泽，侧脉8～15对；叶柄长0.2～1cm。花两性；单生于枝顶；花冠白色，高脚碟状，直径约3cm，端常6裂，浓香。浆果球形或卵状椭圆形，熟时黄色至橙红色，有5～9翅状纵棱，顶端有宿存萼片。花期3～7月；果期5月至翌年2月。

产于我国长江以南至华南地区，各地多有栽培，华北地区在温室盆栽。喜光，也耐阴，喜温暖、湿润气候及肥沃、湿润的酸性土壤，不耐寒。

为著名的香花观赏树种，常作为庭园栽培树种；北方常在温室盆栽。

叶枝

树皮

花　枝

植　株

斑叶雀舌栀子
Gardenia jasminoides
'Variegata'

  茜草科栀子属常绿小乔木或灌木，为黄栀子的栽培变种。叶有乳白色斑点，其他特征与黄栀子相同。

叶　枝

植株

造型景观

花枝

叶枝

红龙船花
Ixora coccinea L.

茜草科龙船花属常绿灌木，高不足1m。单叶对生，椭圆形或卵状椭圆形，长3～4(8) cm，基部圆形或近心形，暗绿色，有光泽。花两性；聚伞花序顶生，花序直径6～12 cm；花红色或橙红色，花冠裂片短，先端尖。花期夏、秋季。

原产于印度、缅甸、马来西亚和印度尼西亚。我国华南地区有栽培。喜光，耐半阴，喜高温、多湿气候，不耐寒。

四季常绿，盛花期花团锦簇，常作为庭园及花坛树种栽培供观赏。

花枝

黄龙船花
Ixora lutea (Veitch) Hutch.

　　茜草科龙船花属常绿灌木。单叶对生，倒卵状披针形或椭圆形，长 10～12 cm。花两性；聚伞花序顶生，花冠金黄色，裂片长圆形。花期春末至秋季。

　　原产于印度。我国华南地区多有栽培。喜光，耐半阴，喜高温、多湿气候，不耐寒。

　　四季常绿，盛花期金黄色花花团锦簇，常作为庭园及花坛树种栽培供观赏。

植株

海巴戟天

Morinda citrifolia L.

茜草科巴戟天属常绿小乔木或灌木。叶对生,长圆形、椭圆形或卵圆形,长12～25cm,无毛,全缘,背面脉腋密被束毛;叶柄长0.5～2cm,托叶生于叶柄间,先端圆,无毛。花两性;头状花序与叶对生;花5基数,无梗,萼筒黏合,萼檐近平截;花冠白色,漏斗状,喉部密被长柔毛,5裂,裂片卵状披针形;雄蕊5,着生于花冠喉部,花药线形。聚花核果浆果状,卵形,熟时白色,直径约2.5cm,每个核果具4分核;种子下部有翅。花、果期全年。

产于台湾、海南等地;生于海滨、疏林下。

树干通直,树姿优美,供观赏;果可食用;根、茎可提取橙黄色染料;皮可药用。

花枝

叶枝

植株

植 株

叶 枝

金边六月雪

Serissa japonica 'Aureo-
marginata'

 茜草科六月雪属常绿或半常绿小
灌木，为六月雪的栽培变种。高约
1m。枝密生。单叶对生或簇生状，
狭椭圆形，长0.7～2cm，全缘，革质，
叶边缘黄色或淡黄色。花单生或少数
簇生于枝顶或叶腋；花小，花冠白色
或带淡紫色，漏斗状，端5裂，长约
1cm，雄蕊5；花萼裂片三角形。花
期6～7月。

 原产于日本及中国。喜温暖、阴
湿环境，不耐严寒。

 在暖地可植于林下溪边、岩石缝
作为花篱或盆景栽培供观赏；茎、
叶可入药。

花 枝

树 形

忍冬科
CAPRIFOLIACEAE

水红木

Viburnum cylindricum
Buch.-Ham. ex D. Don

　　忍冬科荚蒾属常绿小乔木，高达15 m。单叶对生，椭圆形或卵状长圆形，长8～16 cm，先端渐尖或近尾尖，基部楔形，全缘或中部以上疏生锯齿，背面疏被黄色或红色腺点及腺鳞；侧脉3～8对，近叶缘网结；叶柄长1～5 cm。聚伞花序，花序被腺点及腺鳞；花冠白色或有红晕，筒状，钟形，瓣片直立；雄蕊突出花冠。核果卵球形。花期6～10月；果期10～12月。

　　产于云南、四川、贵州、广西、广东、湖南、湖北、甘肃南部；生于海拔500～3300 m 的阳坡疏林或灌丛中。

　　根、皮、叶、花可药用；种子含油率高，供制肥皂；树皮及果实含鞣质，可提制栲胶。

叶枝、果枝

植株

绣球荚蒾
Viburnum macrocephalum Fort.

　　忍冬科荚蒾属落叶或半常绿灌木，高达4m。芽、幼枝、叶柄及花序均被灰白色或黄白色星状毛。单叶对生，卵形、椭圆形或卵状长圆形，长5～11cm，先端钝尖，基部圆形或微心形，具细齿，背面被星状毛；侧脉5～6对，在近叶缘网结；叶柄长1～1.5cm。聚伞花序直径8～15cm，全为不孕花；萼无毛；花冠辐状，白色，直径1.5～4cm，瓣片倒卵圆形。花期4～5月；不结果。

　　我国江苏、浙江、江西、河北等地有栽培。

　　为优良的观赏花木树种。

叶 枝

花 枝

黑果荚蒾

Viburnum melanocarpum Hsu

忍冬科荚蒾属落叶灌木，高达3.5m。小枝及花序疏被星状毛，后脱落。单叶对生，卵形或菱状卵形，长4～12cm，宽3～7.5cm，先端骤短渐尖，基部圆形、浅心形或楔形，具小齿，背面沿脉疏被平伏长毛，脉腋有簇生毛，侧脉6～7对。花两性；聚伞花序；萼筒稍被星状毛及红褐色腺点；花冠辐状，白色，无毛。核果近球形，由红色变黑色，有光泽，长0.7～1cm，核稍凹下，腹面有1纵脊。花期4～6月；果期9～10月。

产于江苏南部、安徽南部、浙江、江西及河南鸡公山；生于海拔350～1100m的林内、溪边、灌丛中。

花果美丽，可植于庭园供观赏。

花枝

植株

花枝

树形

叶枝

树皮

珊瑚树（法国冬青）

Viburnum awabuki K. Koch

忍冬科荚蒾属常绿小乔木，高达 10(15) m；树皮灰色，平滑。枝上有小瘤体。单叶对生，倒卵状长椭圆形，长 7～15 cm，先端钝尖，基部宽楔形，全缘或上部有疏钝齿，革质，富有光泽。花两性；圆锥状聚伞花序顶生，长 5～10 cm；萼钟状 5 裂；花冠 5 裂，辐状，白色，芳香。核果倒卵形，熟时先红色后变蓝黑色。花期 5～6 月；果期 7～9 月。

产于浙江和台湾等地；常生于沿海岛屿常绿阔叶林中。稍耐阴，喜温暖气候，不耐寒，喜湿润、肥沃的中性土壤，耐烟尘，抗火力强，耐修剪。

我国长江中下游各城市普遍栽培作为绿篱或绿墙，也是工厂区绿化及设置防火隔离带的良好树种；根、叶可药用。

叶 枝

雪球荚蒾

Viburnum plicatum Thunb.

忍冬科荚蒾属落叶灌木，高达3 m。单叶对生，卵形至倒卵形，长 4～10 cm，先端圆或骤钝尖，基部宽楔形或圆形，具锯齿，侧脉 8～14 对，达齿端；叶柄长 1～2 cm。聚伞花序，球形，直径 4～8 cm，全为白色不育花。花期 4～5 月；不结果。

产于贵州中部、湖北西部、安徽、浙江、江苏、山东、河北等地。

我国长江流域各地常栽培于庭园供观赏。

花 枝

植 株

植株

花枝

郁香忍冬
Lonicera fragrantissima
Lindl. et Paxt.

忍冬科忍冬属半常绿灌木，高2～3m。枝具白髓，无顶芽，幼枝无毛或疏生刚毛。单叶对生，叶卵状椭圆形至卵状披针形，长4～8cm，先端短尖，基部圆形或广楔形，表面无毛，背面蓝绿色，近基部及中脉有刚毛；叶柄长2～5cm，被硬毛。花两性；成对腋生，总花梗长2～10mm，苞片条状披针形；两花萼筒合生达中部以上；花冠二唇形，无毛，长1～1.5cm，白色或带粉红色，芳香。浆果球形，红色，两果基部合生。花期(2)3～4月；果期5～6月。

产于安徽南部、江西、湖北、河南、河北、陕西南部、山西等地；生于海拔200～1440m的旷地、林缘、杂木林中。

花期早而芳香，果红艳，常栽培于庭园供观赏；果可食。

丛植景观

植株

果枝

紫花忍冬 *Lonicera maximowiczii* (Rupr.) Regel

忍冬科忍冬属落叶灌木，高达 3 m。幼枝带紫褐色，疏被柔毛，后脱落。单叶对生，卵形、卵状长圆形或卵状披针形，长 3～12 cm，先端尖或渐尖，基部圆形或宽楔形，叶缘有纤毛；叶柄长 4～7 mm。花两性；常成对腋生，总花梗长 1～2.5 cm；苞片钻形；萼齿小；花冠紫红色，长约 1 cm，外面无毛，内面密被毛，唇瓣较冠筒长。浆果球形，红色。花期 5～7 月；果期 8～9 月。

产于我国东北北部、辽东半岛、山东半岛等地；生于海拔 800～1800 m 的空旷草地、针阔混交林内。

花果香色宜人，为优美观赏树种；全株可药用。

花 枝

叶 枝

贯月忍冬
Lonicera sempervirens L.

忍冬科忍冬属常绿或半常绿缠绕藤本，长达 6 m。小枝无毛。单叶对生，卵形至椭圆形，长 3～8 cm，先端钝或圆，背面灰绿色，有时有毛，花序下 1～2 对叶基部合生成盘状；叶柄短。花两性；轮生，每轮通常 6 朵，二至数轮组成顶生穗状花序；花冠橘红色至深红色（内部黄色），长筒状，长 5～7.5 cm，端部 5 裂片短而近整齐。浆果红色。花期晚春至秋季。

原产于北美洲东南部。我国上海、杭州等地有栽培。喜光，不耐寒，土壤以偏干为好。

在暖地可令其攀缘于墙壁、拱门或金属网上形成花墙、花门或花篱，还可盆栽供观赏。

植 株

植株

金叶接骨木
Sambucus canadensis 'Aurea'

忍冬科接骨木属落叶灌木，为加拿大接骨木的栽培变种。高3～4m。枝髓白色。羽状复叶，对生，小叶5～7，长椭圆形至披针形，长达15cm，先端尖，基部楔形，初生叶金黄色，成熟叶黄绿色。聚伞花序；花白色或乳白色。浆果红色。花期5～6月；果期6～8月。

原产于北美洲。我国东北、华北等地有栽培。喜光，稍耐阴，耐寒，喜湿润及疏松、肥沃的土壤。

为近年来引进的彩叶树种，常植于草坪、林缘或水岸边，也适宜做背景材料。

叶枝

植篱景观

叶 枝

银边接骨木

Sambucus canadensis
'Agenteo-marginata'

忍冬科接骨木属落叶灌木，为加拿大接骨木的栽培变种。叶边缘有银白色斑。其他特征同金叶接骨木。

植 株

无梗接骨木

Sambucus sieboldiana Bl. ex Miq.

忍冬科接骨木属落叶灌木，高达 5 m；树皮浅黄色。奇数羽状复叶对生，小叶常为 7 枚，长圆形或长圆状披针形，叶缘具锐而密的锯齿。由聚伞花序组成顶生的圆锥花序；花萼 5 裂，裂片三角形；花冠黄白色，5 裂；雄蕊 5，着生于花冠裂片，且与其互生。浆果核果状，熟时鲜红色，直径 2～4 mm。花期 6～7 月；果期 8～9 月。

产于我国东北、河北、陕西、山西、山东等地；生于山坡灌丛中或沟边山坡上。

果实鲜红而不变黑，很美丽，可作为观赏花木栽培供观赏；嫩茎枝可药用。

植株

花枝

叶枝

花枝

果枝

叶枝

红雪果

Symphoricarpos orbiculatus Moench

　　忍冬科毛核木属落叶灌木，高1.5～2m。叶对生，椭圆形至卵形，长6～7cm，背面有绒毛；具短柄。花两性；总状花序顶生；花冠钟形淡粉色。浆果红色或桃红色，直径约6mm。花期6～7月；果期8～9月。

　　原产于墨西哥及美国。我国北京、河北等地有引种栽培。

　　红色果实成串着生，经冬不落，是晚秋至初春时期重要的观赏树种，可作为果篱、地被等。

植株

植 林

叶 枝

叶 枝

花 枝

植篱景观

银边锦带花 *Weigela florida* 'Variegata'

　　忍冬科锦带花属落叶灌木，为锦带花的栽培变种。高达 3 m。小枝具两行柔毛。单叶对生，椭圆形或卵状椭圆形，长 5～10 cm，先端渐尖，基部圆形或楔形，缘有锯齿，叶边缘淡黄白色。聚伞花序，具花 1～4 朵；花粉红色，漏斗状，端 5 裂；花萼 5 裂。蒴果柱状；种子无翅。花期 4～5(6) 月；果期 9～10 月。

　　产于我国东北南部、华北、河南、江西等地；生于海拔 1400 m 以下的杂木林、灌丛及岩缝中。喜光，耐寒，耐瘠薄土壤，怕水涝。

　　为我国中部、北部地区园林中重要的观赏花灌木。

植株

早锦带花

Weigela praecox Bailey

　　忍冬科锦带花属落叶灌木，高达2m。单叶对生，椭圆形或卵状椭圆形，两面均有柔毛。花两性；聚伞花序，3～5朵着生于侧生小短枝上；花萼裂片较宽，基部合生，多毛；花冠狭钟形，中部以下突然变细，外面有毛，玫瑰红色或粉红色，喉部黄色。蒴果柱状，具喙，两瓣裂；种子小，多数有棱角。花期4月中下旬。

　　原产于俄罗斯、朝鲜及我国东北南部。我国北方一些城市及北京的园林中常有栽培。

　　为观赏花灌木。

叶枝

果枝

叶 枝

花 枝

植篱景观

植 株

草海桐科
GOODENIACEAE

草海桐

Scaevola sericea Vahl

　　草海桐科草海桐属常绿直立灌木，高达5m；茎粗壮，灰褐色至褐色。单叶互生，螺旋状排列，聚生于枝顶，匙形或倒卵形，长12～15cm，先端圆，中部以下渐窄下延至叶柄，全缘，中脉两面凸起，侧脉明显，近边缘连接。花两性；二歧聚伞花序腋生；花梗纤细，萼筒螺旋形，无毛或被丝毛，萼裂片线状披针形；花冠白色，长2～2.2cm。核果球形或近卵圆形，直径0.8～1.2cm。花期春季；果期冬季。

　　产于台湾、福建、广东、广西、海南等地；生于海边沙地、海岸峭壁上。

　　速生，抗盐性强，为海岸固沙防潮树种；木材为薪炭材。

树形

叶枝

树根

果实

露兜树科
PANDANACEAE

露兜树 *Pandanus tectorius* Sol.

　　露兜树科露兜树属常绿小乔木，高达4 m。干分枝，具气生根。叶簇生于枝顶，革质，带状，长约1.5 m，宽3～5 cm，先端长尾尖，边缘和背面中脉有锐刺。花单性，雌雄异株，无花被；雄花具数个穗状花序，长约25 cm；苞片披针形，长12～25 cm，宽2～4.5 cm，边缘有锐刺，先端尾尖；雄花芳香，稠密；雄蕊10，簇生于柱状体顶端，花药线形，顶端有小尖头。聚花果头状，悬垂，直径达20 cm，具50～80枚小核果，熟时红色；小核果束倒圆锥形。花期1～5月。

　　产于福建南部、广东南部、海南、台湾、广西南部、贵州、云南等地；多生于海滨沙地。

　　可用作防沙及防风篱；叶纤维质佳，可编制工艺品；鲜花含芳香油；根、叶、花、果均可入药。

树皮

叶 枝

秆 茎

秆 形

禾本科 GRAMINEAE

花竹

Bambusa albo-lineata Chia

　　禾本科簕竹属灌木或乔木状竹类，秆高6～10 m，直径3～5 cm，秆梢下弯；节间长50～80 cm，绿色，有白色或黄白色纵条纹，箨环上方有白色绢毛环。秆箨早落，箨鞘顶部宽拱形，鲜时具黄白色纵条纹，两侧被贴生暗棕色刺毛；箨耳不等大，大耳长圆形或近倒披针形，长约1.5 cm，小耳长为大耳长的1/3～1/2；箨舌高1～1.5 mm，齿裂，被流苏状纤毛；箨叶直立，卵形或卵状三角形，基部稍缢缩，与箨耳相连。小枝具7～10叶；叶鞘无毛，叶线性，长7～15(24) cm，宽0.9～1.5(2.2) cm，表面粗糙，背面被柔毛，侧脉4～7对。笋期6～9月。

　　产于浙江、江西、福建、台湾、广东等地；多生于低丘、溪边。

　　竹材柔韧，为编制竹器的优良竹材。

狭耳坭竹

Bambusa angustiaurita W. T. Lin

禾本科簕竹属灌木或乔木状竹类，秆高8～
10 m，直径3～6 cm，梢端稍弯；节间长约
30 cm，初具成纵行的深棕色柔毛，后脱落；秆下部
1～4节节间常有白色绢毛环。秆箨脱落，箨鞘顶
端平截，背面疏生紧贴刺毛；箨耳线形，长耳比短
耳长2倍；箨舌长3～4 mm，具小齿；箨叶直立，
远较箨鞘短小，窄卵形、卵状披针形或卵状三角形，
基部宽约为箨鞘的1/2。秆下部3～5节分枝，枝
条簇生，主枝较粗，较侧枝长2倍。叶鞘被硬毛，
叶狭长披针形或披针形，长8～17 cm，宽1～2 cm，
表面无毛，背面有柔毛，侧脉约7对。

产于广东怀集，广州华南农业大学竹园内有栽
培；生于低坡。

多栽培于庭园供观赏。

叶枝

秆茎

秆形

秆茎

秆形

叶枝

簕竹

Bambusa blumeana J. A. et J. H. Schult. f.

禾本科簕竹属灌木或乔木状竹类，秆高5～10 m，直径8～10 cm；节间圆筒形，初有白粉，脱落后绿色，下部节常有气生根。箨鞘顶端圆或平截，背面密被黑褐色或深紫色小刺毛，箨耳近等长，线状长圆形，常外翻呈新月形，边缘有翅；箨叶卵形，常外翻，背面被粗糙硬毛，腹面被暗棕色刺毛。分枝低，下部枝单生，主枝粗，实心，枝条上部每节有下弯刺2～3(5)枚，呈"个"字形展开。小枝有5～12叶；叶线状披针形或窄披针形，长5～11(20) cm，宽1～1.8(2.5) cm，侧脉4～6对，两面无毛，近粗糙，背面基部常被长柔毛。笋期6～9月。

原产于印度尼西亚、马来西亚。我国台湾、福建南部、广东南部、海南、广西南部、云南南部多有栽培；生于低海拔地带的河边、村落周围。

可作为围篱及防风林；竹材坚韧，不易被虫蛀，供制作家具、棚架等；笋味苦，不宜食用。

秆形

秆茎

毛䈏竹 *Bambusa dissimulator* var. *hispida* McClure

　　禾本科䈏竹属灌木或乔木状竹类，为坭䈏竹的变种。秆高 10～18 m，直径 4～7 cm；节间圆筒状，秆的节间、节和箨鞘背面均被小刚毛。秆环微突起，下部的节稍曲膝状。箨鞘顶端不对称拱形，背面有不明显硬毛；箨耳不等大，有皱褶；鞘口繸毛发达；箨叶卵形，直立，基部心形。小枝有 5～14 叶；叶线状披针形或披针形，长 7～17 cm，宽 1～1.5 cm，表面无毛，背面疏生柔毛，侧脉 3～6 对。笋期 7～8 月。

　　产于广东；生于村落附近。

　　竹秆可做棚架及农作物支柱。

料慈竹 *Bambusa distegia* (Keng et Keng f.) Chia et H. L. Fung

　　禾本科簕竹属灌木或乔木状竹类，秆高7～11 m，直径3～5 cm，梢端稍弧曲；节间长20～60(100) cm，幼时微具白粉，有白色小刺毛，脱落后有小凹痕；箨环密生向下的棕黄色刺毛，后渐脱落；秆环不明显。箨鞘背面密生棕色刺毛，顶端平截稍凹下；箨耳窄长，横卧，有繸毛；箨舌高1～2 mm，具细齿，齿端有繸毛，易脆折；箨叶直立，不易外翻，三角形或披针形，背部有纵脉，基部比箨鞘顶部窄。秆每节具多数分枝，小枝有10叶以上；叶鞘无毛，叶耳叶舌均不明显；叶长披针形，长5～16 cm，宽0.8～1.6 cm，表面无毛，背面被白粉和微柔毛。笋期9～10月。

　　产于四川、福建、广东、广西、云南等地；生于海拔1100 m以下的山麓、沟谷。稍耐瘠薄土壤，在微酸性、中性紫色土上生长良好。

　　竹材优良，为高级用材竹种；是编织凉席的最好材料；也可供造纸。

秆形

秆茎

竹形

秆茎

长枝竹

Bambusa dolichoclada
Hayata

　　禾本科簕竹属灌木或乔木状竹类,秆高 10～20 m,直径 5～13 cm,幼时被白粉,脱落后绿色,老时红黄色或茶褐色;节稍隆起,箨环残留深棕红色细毛。秆箨厚革质,箨鞘顶部呈"山"字形,有时稍不对称,背面薄被白粉,被深棕红色刺毛,后渐脱落;箨舌高 2～2.5 mm,有小齿;箨耳不等大,大耳宽 2～2.5 cm,高 0.8～1 cm,有时外翻,小耳约为大耳的 1/3;箨叶直立,卵状三角形或三角形,背面疏生暗棕色刺毛或无毛,腹面有棕色刺毛。枝条簇生;小枝有 8～14 叶;叶鞘背面近无毛,边缘有纤毛;叶线形或线状披针形,长 12～20 cm,宽 1.4～2.2 cm,侧脉 8～9 对,表面无毛,有光泽,背面被柔毛。

　　产于台湾、福建等地;常生于海拔 300 m 以下的林缘、村落附近。

　　可植于村庄、农田旁作为防风林;竹秆供建筑、制造家具用,可编制竹篓、米筛、粪箕、斗笠、捕鱼笼等。

大眼竹

Bambusa eutuldoides McClure

禾本科簕竹属灌木或乔木状竹类，秆高 10～12 m，直径 5～7 cm；节间近无毛，稍被白粉，节几不隆起，下部数节节内、节下均有白色环，节下毛环较窄，易脱落。箨鞘顶部不对称宽拱形，背面无毛或有易脱落刺毛；箨耳极不等大，大耳下延达箨鞘 2/5～1/2，长 5～6.5 cm，近圆形或长圆形，宽约 1 cm；箨舌高 3～7 mm，齿裂，有短流苏状毛；箨叶直立，近三角形，基部外延与箨相连。秆基部第二节分枝；小枝有 7～9 叶，叶鞘无毛；叶披针形或宽披针形，两面无毛或背面有微毛，侧脉 5～9 对。

产于广东（东江、绥江、北江一带）、广西等地，香港有栽培；生于河流两岸沙土、冲积土、平地或丘陵缓坡。

竹秆供制造农具、建造茅屋用，可编制竹器。

叶 枝

秆 茎

秆 形

秆形

银丝大眼竹（班坭竹）

Bambusa eutuldoides
var. *basistriata* McClure

禾本科簕竹属灌木或乔木状竹类，为大眼竹的变种。秆下部节间、箨鞘背面均有白色纵条纹；分枝稍高；箨耳的大耳具波状皱褶。其他特征同大眼竹。

产于广东、广西等地。

多栽培于庭园供观赏。

秆箨

秆茎

秆形

小簕竹
Bambusa flexuosa
Munro

　　禾本科簕竹属灌木或乔木状竹类，秆高4～12 m，直径3～6 cm；节间圆筒形，无毛或近无毛，秆下部箨环下有一圈浅棕色刺毛；秆壁较厚，秆基部近实心。秆箨迟落；箨鞘顶端弧形凹陷，两肩具三角形尖头；箨耳细小；箨舌高2～7 mm；箨叶直立，三角状披针形，基部窄于箨鞘顶部。分枝低，枝条簇生，下部单生，枝条的小枝有时成短刺，常每节3刺，呈"个"字形张开；小枝具8～11叶，无刺；叶披针形或窄披针形，长4～10 cm，宽0.7～1.3 cm，两面被柔毛或近无毛，侧脉4～5对。笋期5月下旬至9月。

　　产于广东南部、香港、广西南部、海南等地；多生于低山丘陵、山麓、旷野、村边。

　　我国华南农村多栽培作为围篱、防风林；竹材坚韧，可做扁担、脚手架。

秆茎

秆形

秆茎

鱼肚腩竹

Bambusa gibboides W. T. Lin

禾本科籔竹属灌木或乔木状竹类，秆高 10～12 m，直径 5～8 cm；节间下部稍膨大，贴生成纵行柔毛，后渐脱落。秆箨脱落，箨鞘顶端不对称平截或拱形，背面贴生棕色刺毛；箨耳卵状披针形，横生，近等大，秆下部的不等大；箨舌高 2～3 mm，近全缘或具锯齿；箨叶直立，卵状三角形，基部稍缢窄。枝条簇生，主枝粗长；小枝有 8～12 叶；叶线状披针形或窄披针形，长 12～25 cm，宽 1～2.5 cm，侧脉 5～7 对，背面被柔毛。笋期 6～9 月。

产于广东、香港等地；生于市郊、庭园、村落、河边。

笋味鲜美，为广州郊区较普遍栽培的笋用竹；秆材供制晒架、瓜棚、农具等用。

叶枝

秆形

叶枝

孝顺竹

Bambusa multiplex
(Lour.) Raeusch.

禾本科簕竹属灌木或乔木状竹类，秆高4～7m，直径2～3cm；节间常绿色，微被白粉。箨鞘顶端不对称拱形，背面无毛；箨耳无或不显著，有稀疏纤毛；箨舌窄，高约1mm，全缘或细齿裂；箨叶直立，长三角形，基部与箨鞘顶部近等宽。分枝高，基部数节无分枝，枝条多数簇生，主枝稍粗长；小枝具5～10叶；叶鞘无毛；叶线状披针形，长4～14cm，宽0.5～2cm，侧脉4～8对，表面无毛，背面灰绿色，密被柔毛。笋期6～9月。

产于台湾、长江中下游至华南、西南等地，河南、陕西偶有栽培，四川丘陵地区有成片野生竹林。喜温暖湿润环境及排水良好、湿润的土壤。

秆青绿色，形状优雅，姿态秀丽，为传统的观叶竹种，多栽培于庭园供观赏；竹秆细长强韧，供编筐、制器具、造纸等用。

秆 茎

小琴丝竹（花孝顺竹）

Bambusa multiplex 'Alphonse-Karr'

　　禾本科簕竹属灌木或乔木状竹类，为孝顺竹的栽培变种。秆和分枝节间金黄色，具不规则绿色纵条纹；箨鞘鲜时绿色，具黄白色纵条纹。其他特征同孝顺竹。

　　长江以南各地有栽培。

　　植株矮小，枝叶多，是观叶、观秆的优良竹种，宜植于庭园角落，或植于门口内外两侧，与建筑小品、假山搭配成缀景。

叶 枝

秆 形

观音竹

Bambusa multiplex var. *riviereorum* Maire

　　禾本科簕竹属丛生灌木竹类，为孝顺竹的变种。秆高1～3m，直径3～5cm，紧密丛生。每小枝具叶13～23，羽状二列；叶片线形，长1.6～3.5cm，宽3～6mm。其他特征同孝顺竹。

　　原产于越南。我国东南部地区有栽培。喜光，喜温暖、湿润环境及疏松、肥沃土壤。

　　常植于庭园供观赏，也适宜做绿篱；盆栽多用于阳台、客厅等装饰。

秆 形

叶 枝

丛植景观

秆 茎

秆 形

撑篙竹

Bambusa pervariabilis McClure

　　禾本科簕竹属灌木或乔木状竹类，秆高7～15 m，直径5～6 cm，顶梢直立；秆绿色，无白粉，密被棕色小刺毛，近基部数节节间有白色纵条纹；箨耳极不等大。竹秆的分枝点低；每小枝具5～9叶；叶片线状披针形，长9～14 cm，宽7～11 cm，侧脉6～8对。

　　产于福建南部、广东、广西等地；多生于河边、村落附近。喜疏松、湿润、肥沃的土壤。

　　可栽培供观赏及防风等用；秆壁厚，坚韧，篾性柔韧，是我国华南地区主要用材竹之一。

秆 形

青皮竹

Bambusa textilis McClure

　　禾本科簕竹属灌木或乔木状竹类，秆高8～10 m，直径4～6 cm，梢端弯垂；节间长40～70 cm，秆壁厚3～5 mm，幼时被白粉，贴生淡棕色刺毛，后脱落；节不隆起，箨环倾斜。秆箨脱落，秆箨顶端斜拱形，背面贴生柔毛，后脱落；箨耳小，不等大，大耳披针形，小耳长圆形；箨舌高约2 mm，有细齿或细条裂；箨叶直立，窄长三角形，易脱落。秆下部数节常无分枝，枝条纤细；小枝具8～14叶；叶线状披针形或窄披针形，长10～25 cm，宽1.5～2.5 cm，侧脉5～6对。笋期5月下旬至9月。

　　产于广东、广西等地，江苏、浙江、福建、湖南、贵州、云南南部有引种栽培。

　　竹秆修长青翠，常作为园林绿化材料；速生，产量高，发笋多，为优良篾用竹种；材质柔韧，供编制竹器、造纸。

叶 枝

丛植景观

秆 茎

紫斑竹（紫线青皮） *Bambusa textilis* 'Maculata'

　　禾本科簕竹属灌木或乔木状竹类，为青皮竹的栽培变种。秆下部节间、箨鞘背面有紫红色线状斑纹。其他特征同青皮竹。

　　产于广东怀集。

　　秆色秀丽，为优美观赏竹种。

秆形

秆茎

巴山木竹

Arundinaria fargesii E. G. Camus

　　禾本科青篱竹属小乔木状或灌木状竹类，秆高达 10 m，直径 4～5 cm；中部节间长 40～60 cm；新秆被白粉；箨环被一圈棕色毛，秆环微隆起。上部节生分枝 3～5(7)，粗细不等，主枝明显粗；每小枝 4～6 叶，叶带状披针形，长 10～20(30) cm，宽 1～2.5(5) cm。

　　产于陕西、四川、甘肃、湖北、河北等地，江苏南京、浙江安吉、江西南昌、北京有引种栽培；集中分布在秦岭和巴山海拔 1000 m 以下地区。耐干旱，也有较强的耐寒性。

　　竹材用于造纸，也可编制家具。

秆形

叶枝

叶枝

箨鞘

方竹

Chimonobambusa quadrangularis (Fenzi) Makino

　　禾本科方竹属灌木或小乔木状竹类,秆高3～8 m,直径1～4 cm,近方形,中部节间长10～26 cm;新秆密被刺毛和绒毛;老秆具刺毛,脱落后有瘤状毛痕迹,中部以下各节具弯曲气生根刺。秆箨纸质,短于节间,黄褐色,具灰色斑纹,疏生黄棕色刺毛;箨叶锥形,长2.5～3.5 mm。每小枝2～4叶;叶带状披针形,长10～20 cm,宽1.2～2 cm,无毛,侧脉4～6对。笋期8月至翌年1月,但水肥条件好的环境可以四季出笋。

　　产于我国华东至西南地区;多生于山区沟谷阴湿地或林下。喜温暖潮湿环境,不耐寒,适生疏松、肥沃的土壤。

　　竹秆方形,与其他竹相比别具一格,惹人喜爱,宜点缀于庭园供观赏;笋可食。

秆形

吊丝竹 *Dendrocalamus minor* (McClure) Chia et H. L. Fung

　　禾本科牡竹属乔木状竹类，秆高6～8m，直径3～6cm，梢端拱形下垂；节间长30～40cm，幼秆密被白粉，无毛，基部数节节部有毛环。箨鞘鲜时草绿色，顶部圆口铲状，背面贴生棕色刺毛，中下部甚密；箨耳长约3mm，宽约1mm，易脱落，鞘口繸毛细弱，易脱落；箨舌高3～6mm，先端平截，具流苏状毛；箨叶卵状披针形，外翻，腹面基部被毛。小枝具6～8叶；叶鞘背面被刺毛；叶长圆状披针形，长10～25(35)cm，宽1.5～3.5(7)cm，两面无毛，侧脉8～10对。

　　产于广东、广西、贵州等地，福建有引种栽培；生于低山缓坡、溪边、林缘、村边。

　　竹材篾性好，供编织；竹秆可做棚架、农具柄等。

秆形

秆茎

植 株

阔叶箬竹
Indocalamus latifolius (Keng) McClure

　　禾本科箬竹属灌木状竹类，秆高 3 m，直径约 1 cm；中部节间长 20～30 cm，中空；新秆绿色，无毛，秆环微隆起。每节 1 分枝。秆箨宿存，背部有棕色刺毛，箨耳不明显，箨叶小，箨舌平截。每小枝具 1～3 叶；叶长椭圆形，长 10～30(40) cm，宽 2～5(8) cm，次侧脉 6～12 对；叶鞘革质，无叶耳。笋期 5 月。

　　产于江苏、浙江、安徽、河南及陕西南部；多生于低山、丘陵向阳山坡。

　　常植于庭园供观赏或栽作地被植物；秆可制作笔杆、竹筷等；叶可制作斗笠、包粽子等。

叶 枝

丛植景观

笋 箨

箬竹

Indocalamus tessellatus (Munro) Keng f.

禾本科箬竹属灌木状竹类，秆高达2m，直径约5mm；中部节间长达10～20cm，中空较少，无毛，有白粉，节下尤为明显，秆环平。秆箨长于节间，被棕色刺毛，边缘有棕色纤毛；无箨耳和繸毛或具少数繸毛；箨叶披针形或线状披针形，长达5cm，不抱茎，易脱落。每小枝二至数叶；叶鞘无毛；叶椭圆状披针形，长40～50cm，宽7～11cm，背面沿中脉一侧有一行细毛，余无毛，15～17对，网脉明显；叶柄长约1cm，上面有柔毛。

产于浙江、江西、福建、湖南等地；生于海拔300～1400m的山坡、路旁及阔叶树林中。

叶大而质薄，可制作防雨用品、包粽子等。

植 株

叶 枝

植篱景观

地被景观

叶枝

善变箬竹

Indocalamus varius
(Keng) Keng f.

　　禾本科箬竹属灌木状竹类，秆高约 90 cm，秆细；节下有一圈白粉，每节 1～2 分枝。秆箨宿存，箨鞘无毛，有白粉，无箨叶。小枝具 2～3 叶；叶长 5～11 cm，宽 1～2 cm。

　　原产于浙江，北京（北海、故宫）有栽培。

　　多栽培于庭园供观赏。

植株

秆箨

叶 枝

中茎

秆形

中华大节竹

Indosasa sinica C. D. Chu et C. S. Chao

禾本科大节竹属乔木状竹类，秆高达 10 m，直径约 6 cm；中部节间长 35～50 cm；新秆绿色，密被白粉，疏生刺毛，略粗糙；老秆带褐色或深绿色，秆环甚隆起，屈膝状。每节分枝 3，枝近平展，每小枝 3～9 叶；叶带状披针形，长 12～22 cm，宽 1.5～3 cm，顶端叶片有时宽 5～6 cm，两面绿色，无毛，侧脉 5～6 对。笋期 4 月。

产于广西、贵州南部、云南东南部及南部；多生于低海拔地区，成片生长或散生。

此种为大型竹种，秆环隆起，屈膝状，体态优美，适宜在园林中成片种植做主景，或数株丛植做配景；竹秆供建筑用或制作棚架用；笋味苦。

叶 枝

竹 笋

黄古竹

Phyllostachys angusta McClure

　　禾本科刚竹属乔木状竹类，秆高达 8 m，直径约 4 cm，通直，侧枝斜上，冠尖塔形；中部最长节间长约 26 cm；新秆绿色，微有白粉，节下明显；老秆灰绿色，秆环微隆起。秆箨黄白色，疏生淡紫色脉纹及淡紫褐色小斑点，无毛；无箨耳和繸毛；箨舌黄绿色，隆起，先端微弓形，撕裂状，被白色长纤毛；箨叶带状，绿色，有黄白色或淡黄色边带，平直，下垂。每小枝 2 叶，稀 1 叶；叶鞘边缘初被白色长毛，叶带状披针形或披针形，长 6～16 cm，宽 1～2 cm，背面近基部有白毛。笋期 4 月下旬至 5 月上旬。

　　产于浙江、江苏、安徽、河南等地；多生于山坡下部，混生于其他竹种或阔叶林中。

　　竹材篾性甚好，其竹制工艺品不易变形，供编织精制出口工艺品；也可整材使用；笋可食。目前数量不多，是值得扩大栽培的优良竹种。

秆 形

黄槽竹
Phyllostachys aureosulcata
McClure

禾本科刚竹属乔木状竹类，秆高达9m，直径2～4cm，通直；中部节间长15～20cm，绿色，分枝一侧沟槽黄色；新秆密被细毛，后渐脱落，节下有白粉环；老秆较粗糙，秆环突隆起。秆箨淡黄色或淡紫色，无毛，疏生紫色斑点，有时近无斑点；箨耳镰刀形，为箨叶基部延伸而成，长0.5～1cm，繸毛长，紫褐色；箨舌宽短，弧形，先端有波状齿，具纤毛；箨叶三角形或三角状披针形，初皱折，后平直，基部延伸。每小枝1～2叶，叶披针形或带状披针形，长5～11cm，宽0.8～1.5cm，背面基部微有毛。笋期4月下旬至5月上旬。

产于浙江，北京栽培较多。耐寒性强。

秆色优美，为优良的观秆竹种，各地主要栽培供观赏。

叶枝

二枝型竹枝（每节2分枝）

秆形

秆形

花池景观

黄秆京竹

Phyllostachys aureosulcata
'Aureocaulis'

禾本科刚竹属乔木状竹类，为黄槽竹的栽培变种。竹秆全为黄色，沟槽黄色，基部数节节间有绿色纵条纹；叶有时有淡黄色线条。其他特征同黄槽竹。

北京植物园及浙江安吉等地有栽培。秆色鲜丽，栽培供观赏。

秆茎

斑竹 *Phyllostachys bambusoides* 'Tanakae'

禾本科刚竹属乔木状竹类，为桂竹的栽培变种。秆高 15～20 m，直径 8～10(16) cm；中部节间长达40 cm；竹秆有紫褐色斑块和斑点（内深外浅），分枝也有紫褐色斑点。箨环均隆起，新秆无蜡粉，无毛；箨鞘黄褐色，密被黑紫色斑点或斑块，常疏生质粒状短硬毛，一侧或两侧有箨耳和毛；箨叶三角形至带形，橘红色，绿边，皱折下垂。每枝具 3～6 叶；叶长 8～20 cm，宽 1.3～3 cm，背面有白粉。笋期 5 月中旬至 7 月。

产于长江流域各地。较耐旱、耐寒，不耐水湿。

竹秆花纹美丽奇特，是传统的观赏竹种，通常栽培供观赏；秆可加工成工艺品。

秆形

秆茎

竹笋

叶枝

白哺鸡竹

Phyllostachys dulcis McClure

　　禾本科刚竹属乔木状竹类，秆高达 7 m，直径 4～5 cm；中部节间长约 24 cm；新秆绿色，无毛，节下有白粉环，秆环微隆起。秆箨淡黄色，顶部略带紫红色，疏生白毛及淡褐色小斑点；箨耳发达，箨叶皱折。每小枝 3～4 叶；叶带状披针形，长 10～16 cm，宽 1.5～2.5 cm，背面密生细毛。笋期 4 月下旬。

　　产于浙江、安徽、江苏、江西等地，杭州及其附近农村普遍栽培；多生于房前屋后，为平原竹种。喜湿润、肥沃的土壤。

　　笋味鲜美，发笋集中，为浙江重要的笋用竹种。

秆形

叶枝

秆形

秆箨

花皮淡竹
Phyllostachys glauca McClure

禾本科刚竹属乔木状竹类，秆高 5～10 m，直径 2～5 cm；中部节间长 30～40 cm，无毛；新秆布满白粉，老秆仅节下有白粉环，秆环隆起。秆箨淡红褐色或淡绿色，有稀疏褐紫色斑点，无毛和白粉，无箨耳；箨舌平截，暗紫色，微有波折，边缘具细短纤毛。每小枝具 5～7 叶，常保留 3 片；叶片长 7～17 cm，宽 1.2～2 cm，叶舌紫褐色。笋期 4～5 月。

原产于江苏、浙江、安徽、河南、山东等地。

笋味淡，可食用；竹材篾性好，供编织，可整秆使用。

叶 枝

筠竹

Phyllostachys glcuca 'Yunzhu'

　　禾本科刚竹属乔木状竹类，为淡竹的栽培变种。秆高 5～10 m，直径 2～4 cm；幼秆初为绿色，布满白粉，然后渐次出现紫褐色斑点或斑块（外深内浅），且多相重叠；箨舌截平，暗紫色。

　　产于河南、山西、浙江等地。

　　为观赏竹种，栽培供观赏；笋可食用；竹材匀称、整齐、劲直，柔韧致密，秆色美观，为河南焦作著名的"清化竹器"的原料，适于编织竹器及制作各种工艺品。

秆 茎

秆 形

秆形

笋箨

叶枝

果枝

花枝

秆茎

早园竹（沙竹）*Phyllostachys propinqua* McClure

禾本科刚竹属乔木状竹类，秆高达 10 m，直径约 5 cm；中部节间长 26 ～ 38 cm；新秆蓝绿色，节下被白粉，有时节间被白粉，呈蓝绿色；老秆绿色，秆环微隆起。箨鞘淡红褐色或黄褐色，有时带绿色，有紫色斑，无毛，被白粉，上部边缘常枯焦；箨舌弧形，淡褐色。每小枝具 3 ～ 5 叶，叶长 12 ～ 18 cm，宽 2 ～ 3 cm，背面中脉基部有细毛。复穗状花序或密集成头状，由多数假小穗组成，生于枝顶或小枝上部叶丛间；假小穗无柄，外被数枚叶状或苞片状佛焰苞；小花 1 ～ 3 或不发育。笋期 4 ～ 5 月。

产于广西、浙江、江苏、安徽、河南等地。耐寒，适应性较强，轻盐碱地、沙土地及低洼地均能生长，而以湿润、肥沃土壤生长最好。

优良的园林绿化竹种；笋微甜，为较好的笋用竹；秆劲直，竹材坚韧，篾性好，可做各种柄材、棚架等。

金竹

Phyllostachys sulphurea
(Carr.) A. et C. Riv.

　　禾本科刚竹属乔木状竹类，秆高7～
8m，直径3～4cm；中部节间长20～
30cm；新秆金黄色，节间具绿色纵条纹，无
毛，微被白粉；老秆节下有白粉环，分枝以
下秆环平，箨环隆起。秆箨底色为黄绿色或
淡褐黄色，无毛，有时微有白粉，被褐色
或紫色斑点，有绿色脉纹；无箨耳和繸毛；
箨舌绿色，近平截或微弧形，高约2mm，
有纤毛；箨叶带状披针形，外面绿色，有橘
红色边带，内面有黄色边带，平直，下垂。
每小枝2～6叶；叶带状披针形或披针形，
长6～16cm，宽1～2.2cm，常有淡黄色
纵条纹，下面近基部疏生毛。笋期4月下旬
至5月上旬。

　　产于浙江、江苏、安徽、江西、河南等地；
混生于刚竹林中或成片栽培。

　　竹秆金黄色，颇美观，常栽培供观赏。

秆形

群植景观

植株

叶枝

地被景观

菲黄竹
Sasa auricoma (Mitf.) E. G. Camus

　　禾本科赤竹属丛生竹类，秆高达1.2 m。叶较大，长10～20 cm，绿底上有黄色纵条纹。

　　原产于日本。我国上海、杭州、南京等地园林中有栽培。喜湿润，在强光下生长不良。

　　常作为地被植物，也可盆栽供观赏。

叶 枝

菲白竹

Sasa fortunei (Van Houtte) Fiori

禾本科赤竹属丛生竹类，秆高30～80 cm，直径1～2 mm；节间细短，无毛，每节分枝1～2。秆箨小，短于节间，无毛，无箨耳和繸毛。每小枝具4～7叶；叶鞘无毛；叶披针形，长8～15(20) cm，宽1～1.5 cm，两面具白色柔毛，背面密，叶具黄色、淡黄色或白色纵条纹。

原产于日本。我国江苏、浙江等地有引种栽培。喜温暖湿润环境，耐阴。

叶色美丽，可作为地被、绿篱，或与假山石搭配供观赏，也可盆栽供观赏。

植 株

地被景观

秆 茎

叶 枝

秆 形

沙罗单竹

Schizostachyum funghomii McClure

　　禾本科簕箨竹属乔木状或灌木状竹类，秆直立，高达 15 m，直径 4～6(10) cm，秆梢略弯，秆具硅质，粗糙，初贴生小刺毛，后脱落，留下小瘤状突起。箨鞘坚脆，顶端平截，稍下凹，背面散生白色刺毛；箨耳微小，有繸毛；箨舌高 1～2 mm，顶端浅裂或流苏状；箨叶外翻，线状披针形，先端内卷，背面有棕色刺毛，箨叶与箨舌间密生 1 列繸毛，鞘口繸毛长 5～6 mm。枝条簇生，近等长；小枝具 4～6(9) 叶；叶鞘背面疏生白色刺毛；叶长圆状披针形，长 10～25 cm，宽 2～3.2 cm，表面基部及中脉被白色长柔毛，背面被白色糙毛；叶柄长 2～6 mm。笋期 7～10 月。

　　产于广东、广西西江流域，云南有栽培。

　　为优美观赏竹种；篾用竹，可编制竹器、船篷、凉席等；竹材纤维性能极好，供造纸。

秆形

泰竹
Thyrsostachys siamensis (Kurz. ex Munro) Gamble

禾本科泰竹属乔木状竹类，秆高7～13 m，直径3～5(8) cm，秆密集丛生，细长而梢头劲直；节间长15～30 cm；秆壁甚厚，分枝点高，每节多分枝，主枝不明显。秆箨宿存，箨鞘紧包秆，淡灰绿色，顶端凹缺。小枝具4～7叶；叶狭披针形，长8～15 cm，宽0.7～1.5 cm，多片羽状排列。笋期8～10月。

产于泰国、缅甸。我国云南南部有分布，台湾、福建厦门、广东广州等地有少量引种。

竹秆挺拔，枝细叶秀，为云南著名庭园观赏竹种，傣族常植于村舍及寺庙旁；笋味鲜美，泰国每年有大量鲜笋出口。

秆茎

叶枝

鹅毛竹

Shibataea chinensis Nakai

禾本科鹅毛竹属灌木状竹类，秆高约 1 m，直径 2～5 mm；秆中部节间长 10～15 cm，秆淡绿色，略带紫色，无毛；秆环肿胀。秆箨纸质，无毛，边缘具纤毛；无箨耳和繸毛；箨舌高约 4 mm，箨叶锥状。每节 3～6 分枝，分枝通常只有 2 节，仅上部节生 1(2) 叶；叶纸质，幼时鲜绿色，卵状披针形或宽披针形，长 6～10 cm，宽 1.2～2.5 cm，叶缘有小锯齿，基部为不对称圆形，两面无毛，侧脉 5～8 对，表面绿色而有光泽，具明显小横脉。笋期 5～6 月。

产于江苏、安徽、江西、福建等地；生于山坡、林缘或林下。

江南地区常植于庭园作为地被植物。

盆栽

叶枝

植株

群植景观

棕榈科 PALMAE

阔叶假槟榔

Archontophoenix cunninghamii H. Wendl. et Drude

　　棕榈科假槟榔属常绿乔木，高达 20 m，直径 15 ~ 25 cm；茎幼时绿色，老熟时则灰白色，光滑而有梯形环纹，基部略膨大。羽状复叶簇生于干端，长 2 ~ 3 m，小叶排成 2 列，条状披针形，长 30 ~ 35 cm，宽约 5 cm，两面绿色，背面无灰白色秕糠；侧脉及中脉明显；叶鞘筒状包干，绿色，光滑。花单性同株，花序生于叶丛之下。果卵球形，长约 1.2 cm，红色。一年开花结果两次。

　　原产于澳大利亚东部。我国华南地区有引种栽培。喜光，喜高温多湿环境，不耐寒。

　　为著名的热带风光树种，常作为庭园风景树或行道树供观赏。

树 皮

叶枝

树形

植 株

短序双籽棕
Arenga caudata var.
tonkinensis Becc.

　　棕榈科桄榔属矮小灌木，为双籽棕的变种。高0.5～2m；茎柔而短。叶一回羽状全裂，长40～50cm，裂片少数，近菱形或不等四边形，长10～25cm，宽2.5～8cm，基部楔形，叶裂片顶端非尾状或短尾尖。花单性，雌雄同株；佛焰花序单生于叶腋，直立，长17～30cm，不分枝或少分枝；佛焰苞数个，苞被花序梗；雌花花瓣较长，端内弯；子房扁球形。核果近球形。花果期4～5月。

　　产于海南；生于林中。

　　栽培供观赏。

丛植景观

叶 枝

植株

鱼骨葵（鱼骨桄榔）

Arenga tremula
(Blanco) Becc.

棕榈科桄榔属常绿丛生灌木；茎丛生，中等大小。羽状复叶直伸，较少下垂，小叶狭长，羽状排列整齐（鱼骨状）。花单性，雌雄同株；佛焰花序腋生，多分枝而下垂，佛焰苞多数；花黄色，芳香；花序结实后下弯。核果近球形，直径 1.5～2 cm，熟时红色。

原产于菲律宾。我国华南地区有引种栽培。

在暖地可植于园林绿地及庭园供观赏。

叶枝

果序枝

树 形

叶 枝

丛植景观

琼棕

Chuniophoenix hainanensis Burret

　　棕榈科琼棕属常绿丛生灌木或小乔木，高达3 m，直径约6 cm；茎灰白色。叶团扇形掌状深裂，裂片线形，长55～65 cm，先端尖或2浅裂；叶柄腹面具深凹槽。花两性；佛焰圆锥花序，3朵聚生；花萼筒状，膜质，顶端微裂；花瓣2～3，肉质；雄蕊4～6。核果近球形，红黄色；种子球形。花期4月；果期9～10月。

　　产于海南。喜暖热、湿润环境，不耐寒，喜疏松、肥沃的土壤。

　　株形优雅，较耐阴，可作为园林观赏树或室内盆栽供观赏。

花序枝

果序枝

植 株

花序枝

丛植景观

叶 枝

果序枝

小琼棕（矮琼棕）

Chuniophoenix nana Burret

　　棕榈科琼棕属常绿丛生灌木，高达2m。叶半圆形，掌状深裂，裂片4～7；叶柄腹面具深凹槽，两侧无刺，顶端与叶片相连处无小戟突。花两性；佛焰圆锥花序；花3朵聚生；花萼筒状，膜质，顶端3微裂；花瓣2～3，肉质，花淡黄色，雄蕊4～6。浆果状核果肉质，果熟时鲜红色。花期4～5月；果期8月。

　　产于海南陵水吊罗山，广州、厦门、西双版纳有栽培。较耐阴，喜湿润。

　　绿叶红果，又较耐阴，宜植于热带、亚热带地区庭园或盆栽供观赏。

丛植景观

叶 枝

植 株

圆叶轴榈

Licuala grandis H. Wendl.

棕榈科轴榈属常绿单生直立灌木，高2～3m；茎有环状叶痕。叶掌状深裂近基部，簇生于茎顶，叶片近圆形或半圆形，长0.6～1.2m，掌状脉明显，仅边缘有短尖裂，亮绿色；叶柄细长，两侧常有刺。花小，两性；佛焰花序圆锥状，腋生，具革质、管状、宿存佛焰苞数枚；花萼杯状或管状，3齿裂；花瓣3，革质，瓣状镊合状排列；雄蕊6。核果稍肉质；种子球形。花期4～5月。

原产于新几内亚岛北部。我国福建厦门、广东中山、海南兴隆热带花园有引种栽培。

为优美的观赏植物之一。

树 形

澳洲蒲葵
Livistona australis (R. Br.)
Mart.

棕榈科蒲葵属常绿乔木，高 8～23 m，直径约 40 cm。叶大型，宽 1～1.5(2.4) m，掌状 40～50(70) 裂，深达叶的中部以下，裂片细长，先端尖 2 裂并下垂；叶柄两侧常有刺齿。花两性；圆锥状佛焰花序，腋生，长达 1.5 m，佛焰苞多数。核果球形，熟时紫黑色，直径 1.6～2 cm。花期 3～4 月；果期 10～12 月。

原产于澳大利亚东部。我国台湾、广东、广西及云南有引种栽培。

主要用于城市街道、公园和庭园绿化。

叶 枝

果枝

封开蒲葵

Livistona fengkaiensis X. W. Wei et M. Y. Xiao

棕榈科蒲葵属常绿乔木，高5～10m。叶圆扇形，顶端急尖，掌状分裂近至中部，裂片线状披针形，绿色。花两性，小而多，生于延长、疏散而具分枝佛焰苞的花序上；花序直立，果期常下垂；佛焰苞管状，革质，包被花梗；萼片3，覆瓦状排列；花瓣3，雄蕊6。核果1～3，球形或卵状椭圆形。花期3～4月；果期10～11月。

产于广东、福建、海南等地。喜光，喜温暖湿润环境及疏松、肥沃的微酸性土壤。

株形、叶形美观，适宜作为庭园树、行道树或风景树栽培供观赏。

树形

林地景观

树皮

叶枝

花枝

树形（幼树）

树 形

植篱景观

叶 枝

圆叶蒲葵

Livistona rotundifolia
Martius

　　棕榈科蒲葵属常绿乔木，高达 24 m；干较细，节环不明显。叶近圆形，直径 1～1.5 m，掌状 60～90 浅裂，裂片较短，先端尖，2 裂，不下垂，或略斜倾，叶色亮绿，有光泽；幼叶叶柄基两侧略具锯齿，老叶叶柄几无刺。花小，两性，通常 4 朵聚生；圆锥状佛焰花序长 0.9～1.5 m。核果球形，熟时近黑色，直径约 1.8 cm。

　　原产于马来西亚和印度尼西亚。我国广东、福建及台湾等地有引种栽培。

　　为优美的绿化树种；也宜盆栽供观赏。

树 形

花序枝

树 皮

林地景观

叶 枝

美丽蒲葵 *Livistona speciosa* Kurz.

棕榈科蒲葵属常绿乔木，高 15～20 m，直径 30～40 cm。叶大型，圆形或近圆形，直径 1.8～2 m，上面深绿色，下面稍苍白，有一较大而不裂的中心部分，周围裂成多数向前端渐窄的裂片，每个裂片先端 2 浅裂，不下垂；叶柄粗壮，两侧下部密生黑褐色弯刺（长 2.5～3 cm），叶鞘具浓密纤维。花两性；圆锥状佛焰花序长 60～120 cm，腋生；佛焰苞多数；花黄绿色。核果倒卵圆形，直径 1.5～2 cm，外果皮薄，熟时浅蓝色，有光泽。花期 1～3 月；果期 3～10 月。

产于云南南部，常于寺院和村寨栽培，我国华南及东南地区有引种栽培。

为优美的园林绿化树种；果可食。

叶 枝

花坛景观

树 皮

树 形

海枣

Phoenix dactylifera L.

　　棕榈科刺葵属常绿乔木，高达 35 m；茎直立，具残存叶柄基部；上部叶斜升，下部叶斜垂，组成稀疏头状树冠。叶长达 6 m，一回羽状全裂，裂片长达 45 cm，窄而硬，被灰白粉，先端短渐尖，具龙骨状突起，2～3 片聚生，被毛，基部裂片成硬长锐刺；叶柄细长，多扁平。花单性，雌雄异株；佛焰苞大而长，肥厚，花序为密集圆锥花序；花小，黄色，革质；雄花长圆形，具短梗，花萼杯状，顶端有 3 个钝齿；雌花近球形，具短梗，花萼与雄花相似，花瓣圆形。浆果长圆形或圆筒形，长 (2.5)3.5～7 cm，熟时深橙黄色，果肉肥厚，甜美可食；种子 1，扁平，两端尖，腹面具沟槽。花期 3～4 月；果期 9～10 月。

　　原产于西亚、北非。我国福建、广东、广西、云南南部、海南及台湾等地有引种栽培。

　　为全球最古老果树之一，有 5000 年以上栽培历史。树形优美，可供观赏；亦为干热地带重要果树；花序汁液可制糖。

树形

锡兰刺葵

Phoenix pusilla Gaertn

棕榈科刺葵属常绿灌木，高达3m；具匍匐茎，茎干极短，为叶鞘全包。叶淡暗绿色，裂片多数，坚硬，成4列。雌雄异株。浆果长约1.2cm，暗紫黑色。

原产于印度、斯里兰卡海滨地带。我国北京、天津、福建、广东、海南等地有栽培。

适于北方盆栽，供观赏；也可用于布置节日广场及厅堂。

叶枝

树皮

叶 枝

花序枝

树 姿

银海枣

Phoenix sylvestris **Roxb.**

棕榈科刺葵属常绿乔木，高达 16 m，老树胸径达 1 m；树冠半圆形，茎干具宿存叶柄基部。叶羽状全裂，长 3～5 m，灰绿色；小叶剑形，长 15～45 cm，宽 1.7～2.5 cm，先端尾状渐尖，排成 2～4 列；叶轴下部针刺长约 8 cm，常 2 枚簇生。花两性，雌雄异株；花白色；花序长60～100 cm；佛焰苞开裂成 2 舟状瓣。浆果椭球形，直径约 1.5 cm，熟时橙黄色。花期 3～4 月；果期9～10 月。

原产于印度、缅甸。我国台湾、华南及云南等地有引种栽培。喜高温和阳光充足环境，有较强的抗旱性，生长慢。

树姿壮美，叶色银灰，宜植于园林绿地、水边或草坪作为景观树；树液含糖，可提制棕糖。

花序枝

叶 枝

矮棕竹（细叶棕竹）
Rhapis humilis Bl.

棕榈科棕竹属常绿丛生灌木，高1～3 m；茎干上部全为褐色网状纤维质叶鞘。叶掌状深裂近基部，裂片7～20，直伸，长23～30 cm，软革质，表面绿色，无光泽，背面略淡绿色，两面无毛，有不规则缺齿，肋脉及边缘有细微锯齿；叶柄细，两面拱凸，顶端有三角形小戟突，边有灰褐色绒毛，叶鞘长约25 cm，抱茎。花单性，雌雄异株；花序长，多分枝。浆果球形，直径约7 mm，单生或成对生于宿存花冠管上；种子球形。花期7～8月。

产于我国南部及西南部，江苏、上海、浙江、湖北、北京、天津、云南、四川、贵州、重庆、台湾等地有栽培；多生于山地密林中。

为优美观赏树种；叶鞘、根可药用。

植 株

植株

斑叶棕竹

Rhapis excelsa
'Variegdu'

棕榈科棕竹属常绿丛生灌木，为棕竹的栽培变种。茎细长，有环纹。叶掌状深裂，叶裂片有黄色条纹。花单性，雌雄异株；佛焰花序细长，有分枝，佛焰苞2～3，管状。浆果球形。

我国厦门植物园有栽培。耐阴。为优美观赏树种。

盆栽

叶枝

植株

盆栽

多裂棕竹

Rhapis multifida Burret

棕榈科棕竹属丛生灌木，高2～3m，去鞘直径约1cm。叶掌状深裂，裂片16～20，先端2～3浅裂，边缘及肋脉均具细锯齿，横细脉明显；叶柄长20～40cm，两面凸圆，边缘锐尖，顶端具小戟突，被淡黄褐色或深褐色棉毛，叶鞘纤维褐色。花单性，雌雄异株；花序二回分枝，佛焰苞2，扁管状，尖端三角形，分枝的佛焰苞窄管状，略扁，顶端一侧为三角状尖端，分枝张开，被暗褐色鳞秕，结果小枝螺旋状稀疏排列。浆果球形，直径0.9～1cm，熟时黄至黄褐色，外果皮略被小颗粒；种子近半球形。果期11月至翌年4月。

产于广西西部及云南东南部地区。

叶片细裂而清秀，可栽培供观赏。

叶枝

叶枝

树皮

丛植景观

植株

欧洲矮棕

Chamaerops humilis L.

　　棕榈科矮棕属常绿灌木，高约1.5m，稀达6m，常生萌蘖。叶扇形，掌状中裂，叶直径60～90cm，常裂至中部，裂片窄而坚，先端不裂或2浅裂，两面均被白粉，幼叶背面有时有毛；叶柄长，两侧有长枝软刺。花雌雄异株或杂性异株；花序生于叶丛中，短而直立，花序基部具有脊苞片，分枝基部为较少苞片所包。果小，核果状，卵圆形、长圆形或近球形，熟时红褐色或黄色。

　　原产于欧洲南部、非洲北部。我国广东广州、中山，云南昆明，福建厦门，海南，台湾等地有栽培。喜光，较耐寒，喜深厚、肥沃的土壤。

　　栽培供观赏。

菜王棕

Roystonea oleracea (Jacq.) O. F. Cook

棕榈科王棕属常绿乔木，高达40 m；茎直立，基部膨大，向上成圆柱形。叶一回羽状全裂，长而大，拱曲下垂，叶长3～4 m，斜上或平展，羽裂片约100，裂片在叶轴近基部和顶部排成1个平面，在成龄植株中部常为2个平面，成2列，条状披针形，先端不整齐2裂。花雌雄同株；多次开花结果；佛焰苞花序大型，花序长约90 cm，多分枝，小穗轴波状弯曲，由佛焰苞中伸出一半；雄花长约6 mm，雄蕊6，伸出花瓣。核果长圆状椭圆形，一侧凸起，成熟时淡紫黑色。

原产于拉丁美洲特立尼达、哥伦比亚、委内瑞拉等地。我国华南地区有栽培。

树形优美，常作为行道树和园林绿化树种；嫩梢可做蔬菜，髓部含淀粉。

叶 枝

树 皮

树 形

列植景观

树 形

叶 枝

百慕大箬棕
Sabal bermudana L. H. Bailey

　　棕榈科箬棕属常绿乔木或灌木，高达 13 m。叶常宽鸡冠状掌裂，直径 2～3 m，两面绿色，沿主轴基部有黄色区，中央不裂部分位于主轴两侧，各宽约 10 cm；每裂片具 1 肋脉，常在裂片弯缺间具下垂丝状物。花两性；佛焰花序圆锥状，分枝长，花序短于叶。核果陀螺形或洋梨形，熟时黑色，有光泽；种子褐色。

　　原产于百慕大群岛。我国厦门有引种栽培。耐旱，稍耐寒。

　　用于园林栽培供观赏。

树 皮

树皮

叶枝

小箬棕

Sabal minor (Jacq.) Pers.

棕榈科箬棕属常绿低矮灌木，多无地上茎干，有时具茎干，高2～3m。叶簇生于地面，近圆形，长70～80cm，中部深裂至2/3，叶革质而坚挺，淡绿色或粉绿色，两面无毛，叶缘有时略具下垂丝状物，裂片30，条状披针形，直伸而先端不下垂，多中裂；叶柄两侧无刺，柄端小戟突浅，黄绿色，叶鞘三角状半圆形，鞘基宽。花两性；佛焰花序具5～9侧生圆锥小花序，在老株上常高出叶丛；花小，带白色。核果略扁球形，熟时亮黑褐色；种子黑色，扁圆形。

原产于美国东南部。我国广东广州、海南、福建厦门、云南西双版纳等地有栽培；生于河谷沼泽地。为耐寒棕榈，适生于湿土，也生于较干旱地。

树姿秀丽，可用于园林栽培供观赏。

树形

叶 枝

植 株

瓦理棕

Wallichia chinensis Burret

　　棕榈科瓦理棕属常绿丛生灌木，高2～3 m。叶羽状全裂，裂片常互生或近对生，长20～35 cm，宽约10 cm，下部宽楔形，中部及上部具深波状缺刻，先端略钝，具锐齿，顶部裂片常具波状3裂，边缘具不规则锐齿，表面绿色，背面略苍白色；叶鞘管状，密被黄棕色鳞秕状毛，边缘网状抱茎。肉穗花序生于叶间，雌雄同株；佛焰苞5～7，纸质，长10～35 cm，基部管状，上部舟状，外被棕褐色鳞秕，老后纤维质撕裂；雄花序长25～47 cm，小穗轴纤细，多而密集，雄花长圆形，花萼浅杯状，萼裂片宽圆形，裂片间波状弯曲，花瓣长圆形，两面有密集条纹脉；雌花小，近球形，萼片3，圆形，花瓣宽三角形，花萼和花瓣均宿存，在果近熟时呈红色。核果倒卵状椭圆形，稍弯，熟时带红色；种子1～3，长圆形。花期6月；果期8月。

　　产于湖南南部、广西南部、云南南部、西藏等地，福建厦门、广东中山、云南西双版纳有引种栽培；生于山地、沟谷，常与单穗鱼尾葵混生。

　　为优美耐阴观赏树种。

植 株

密花瓦理棕
Wallichia densiflora Mart.

棕榈科瓦理棕属常绿灌木，茎甚短或几无，株高2～4m。叶羽状全裂，裂片常互生或 2～4 在叶轴下部聚生，条状长圆形或长圆形，长60～75cm，宽11～12cm，边缘有不规则深波状缺刻，呈啮蚀状齿，表面绿色，背面稍白色；叶鞘被鳞秕和长柔毛，边缘具纤维；叶柄及叶轴被褐色鳞秕。花雌雄同株异序；雄花序花前包于大型覆瓦状排列的深紫色带黄色条斑的佛焰苞内，而后伸出，分枝多而细；雄花淡黄色，单生或在下部每2朵雄花间有1朵不孕雌花；花萼圆筒状，全缘；花冠与花萼等长，3深裂；雄蕊6，花丝贴生花瓣，无退化雌蕊；雌花序粗壮，多分枝，螺旋状排列在花序轴上，雌花球形，淡紫色，密集多列着生于分枝穗轴，花萼短，半裂成3个宽圆形齿；花冠短于子房，3裂。核果长圆形，顶部窄，熟时暗紫色或深红色，顶端有柱头残留物；种子2，平凸。花、果期7～9月。

产于云南盈江、福建厦门、广东中山、海南兴隆热带花园有引种栽培；生于海拔1400m以下的林中。耐阴。

树形优美，枝叶扶疏，可作为庭园绿化树种。

果序枝

叶 枝

树皮

树形

叶枝

大丝葵

Washingtonia robusta H. Wendl.

棕榈科丝葵属常绿大乔木，高达 27 m；干单生，树干较细，树冠较窄。叶大，近圆形，多掌状中裂，叶直径 1～1.5 m，裂片 60～70，较浅，亮绿色，较坚挺；幼树叶裂片边缘具丝状纤维，随树龄成长而消失；叶柄长 1～1.5 m，基部宽10～12.7 cm。花两性；佛焰花序圆锥状，佛焰苞长而薄；花小而白，单生，近无梗。核果椭圆形，长约 1 cm，熟时亮黑色。

原产于墨西哥北部。我国厦门植物园、海南兴隆热带花园、广东中山有引种栽培。较耐寒。

我国华南地区作为行道树及景观树供观赏。

行道树景观

蓝脉棕（蓝脉葵）
Latania loddigesii Mart.

棕榈科红脉棕属乔木，高5～15 m；干有环纹。叶扇形，掌状分裂，裂片宽披针形，深可达叶片一半，长1～1.5 m，叶片淡蓝色，主脉带红色，叶表面被白粉；叶柄幼时边缘有刺。花单性，雌雄异株；花序腋生，多分枝。核果倒卵形，褐色。

原产于毛里求斯。我国华南地区近年有引种栽培。喜光，喜温湿环境及疏松、肥沃的土壤。

为一种珍贵稀有的观赏植物，可作为庭园树、观赏树、行道树栽培供观赏，也可盆栽供观赏。

树 皮

树形

叶枝

叶 枝

树 皮

红脉棕（红脉葵）

Latania lontaroides
(Gaertn.) H. E. Moore

　　棕榈科红脉棕属常绿乔木，高15m以上。叶扇形，掌状深裂，长1.2～1.8m，裂片披针形，先端渐尖，灰绿色，幼株叶柄、叶脉为红色，成株变淡；叶柄暗红色或紫褐色（随着生长逐渐变淡），基部膨大抱茎。花单性，雌雄异株；肉穗花序褐色，花序从叶腋间抽出，长达1.5m；花淡褐色或黄色。核果球形，直径3.5～4.5cm，熟时红褐色。

　　原产于毛里求斯。我国华南地区近年有引种栽培。喜光，喜暖湿环境及疏松、肥沃的土壤。

　　为优美的观赏植物，可作为庭园树、观赏树、行道树栽培供观赏，也可盆栽供观赏。

树 形

树形

黄脉榈（黄脉葵）
Latania verschaffeltii Lem.

棕榈科红脉榈属常绿乔木，高15 m以上；茎干基部膨大。叶掌状深裂，长达1.5 m，浅绿色，叶表面无白粉，叶脉及叶柄边缘黄色；叶柄被灰白色棉毛。花两性，雌雄异株；肉穗花序长达1.8 m。核果倒卵形，长约5 cm，具3棱。

原产于毛里求斯。我国华南地区近年有引种栽培。

为优美的观赏植物，可作为庭园树、观赏树、行道树栽培供观赏，也可盆栽供观赏。

树皮

叶枝

树 形

叶 枝

花序枝

树 皮

景 观

棍棒椰子 *Hyophorbe verchaffeltii* H. Wendl.

棕榈科酒瓶椰子属常绿乔木，高达6m；基部及上部均较细，唯中部粗大，直径30～60cm，状如棍棒。羽状复叶，长达2m，小叶30～50对，长达75cm，宽约2.5cm，排成2列。肉穗花序的小梗上着生小花。浆果椭圆形，熟时紫黑色。

原产于毛里求斯的罗德里格斯岛。我国厦门、广州等地有引种栽培。

树姿奇特优美，适宜作为行道树、庭园观赏树。

树皮

花序枝

叶枝

树形

国王椰子
Ravenea rivularis Jum. et Perr.

　　棕榈科国王椰子属常绿乔木，茎干单生，高 9 ~ 12(25) m，直径 30 ~ 80 cm。叶鞘脱落后表面光滑，灰色，有环纹，基部明显膨大；羽状复叶，长 2 ~ 3 m，初时挺直，后渐拱弯；小叶多而排列整齐，条形，长 45 ~ 60(90) cm，先端尖；叶轴和叶柄常被绒毛。雌雄异株，肉穗花序腋生，花白色。核果近球形，熟时红褐色。

　　原产于马达加斯加。我国华南地区有引种，已被广泛栽培。喜暖热而光照和水分都充足的环境，也较耐阴，抗风力强，生长快，耐移植。

　　树形优美，茎干光洁，羽叶纤细优雅，叶色翠绿，观赏效果好，宜作为庭园及街道绿化树种，也可盆栽用于室内绿化。

丛植景观

布迪椰子（弓葵）
Butia capitata (Mart.) Becc.

棕榈科布迪椰子属常绿乔木，单干粗壮，高 3～6(8) m，直径约 45 cm。羽状复叶，长 2～2.6 m，成弧形弯曲，小叶条形，长约 70 cm，先端尖，灰绿色，较柔软；叶柄细长，两侧具刺。花单性同株；佛焰花序长 1.2～1.5 m，黄白色，具细长侧生分枝。核果圆锥状卵形，基部有壳斗。花期 4～5 月。

原产于南美洲巴西及乌拉圭。我国华南地区有引种栽培。喜光、喜温暖环境，耐干热、干冷，耐寒性较强，生长较慢。

姿态优美，可植于暖地的园林绿地及庭园供观赏；果实可食。

叶枝

树皮

树形

袖珍椰子

Chamaedorea elegans Mart.

棕榈科竹节椰子属常绿小灌木，茎直立，细长如竹，高达1.8m。羽状复叶，深绿色，叶轴两边各具小叶11～13，条形至披针形，长达20cm，宽约1.8cm。雌雄异株；花序直立，具长梗；花小，黄白色。浆果球形，直径约6mm，橙黄色。花期3～4月；果期秋季。

原产于墨西哥、危地马拉，世界各地普遍栽培。我国有引种栽培。较耐阴，不耐寒，喜温暖湿润环境及疏松、肥沃、排水良好的土壤。

植株小巧玲珑，姿态秀雅，羽叶青翠亮丽，是室内盆栽观赏佳品，在暖地也可植于庭园供观赏。

花序枝

植株

盆栽

叶枝

叶 枝

青棕（皱子棕）

Ptychosperma macartharii

(H. Wendl.) Nichols.

　　棕榈科皱子棕属常绿丛生灌木，茎干细，高达 7.5 m，节环及青干似竹。叶羽状全裂，裂片楔形或条形，散展拱曲，翠绿柔软，常具横生斑纹，长达 2.7 m；裂片 40～60 对，近对生，长达 30 cm，宽约 5 cm，下面略带淡暗绿色，顶端平截并啮齿状或有锯齿。雌雄异株；佛焰花序生于叶束下方，短，有分枝。核果卵圆形，长 1.3～2.1 cm，生于花后残留萼形成的"壳斗"上，熟时深红色。

　　原产于非洲几内亚。我国广东广州、中山，海南海口及兴隆热带花园，台湾，云南勐仓有少量栽培。

　　秀丽多姿，为优美庭园树，亦可室内盆栽供观赏。

树 形

果序枝

植 株

龙舌兰科
AGAVACEAE
朱蕉
Cordyline fruticosa (L.) A. Cheval.

龙舌兰科朱蕉属常绿灌木，高达3 m，直径1～3 cm。不分枝或少分枝。叶聚生于茎顶，2列，绿色或紫红色，披针状椭圆形或长圆形，长30～60 cm，宽5～10 cm，先端渐尖，基部渐窄成柄，中脉明显，侧脉羽状平行，全缘；叶柄长10～16 mm，上面有槽，基部抱茎。花小，两性；圆锥花序生于茎上部叶腋，长20～60 cm，多分枝；花序轴的苞片条状披针形；花淡红色至青紫色；花冠筒短，裂片6，披针形；雄蕊6，较花被裂片短；子房上位，3室，花柱稍伸出花被裂片外。浆果球形。花期11月至翌年3月。

产于我国南部热带地区，广东、广西、福建、台湾等地常有栽培。喜温暖、湿润环境，要求排水良好的沙壤土，不耐寒。

株形美观，色彩华丽高雅，多于庭园栽培，为观叶植物，具有较好的观赏性。花、叶、根均可入药。

叶 枝

花序枝

叶 枝

花序枝

丛植景观

植 株

亮叶朱蕉
Cordyline fruticosa 'Aichiaka'

　　龙舌兰科朱蕉属常绿灌木，为朱蕉的栽培变种。高达 3 m；茎干直立，少有分枝。叶剑形或阔披针形或长椭圆形，绿色，带红色条纹，色泽亮丽。花淡红色至紫色，小花管状。浆果红色。花期 11 月至翌年 3 月。

　　原产于中国、印度、马来西亚至太平洋热带岛屿。在热带及亚热带地区生长良好，喜高温多湿环境，对光照条件适应范围较大，但忌强光直射。

　　叶色娇艳，可种植作为背景，也可在草坪、庭园角隅或路缘进行列植。

植 株

梦幻朱蕉
Cordyline fruticosa
'Dreamy'

　　龙舌兰科朱蕉属常绿灌木，为朱蕉的
栽培变种。叶椭圆形，叶表面有绿色、黄
白色和血红色三色。
　　我国华南地区有栽培。
　　色彩迷人，是优良的彩叶观赏植物。

叶 枝

丛植景观

植株

红边朱蕉
Cordyline fruticosa 'Red Edge'

　　龙舌兰科朱蕉属常绿灌木，为朱蕉的栽培变种。叶长椭圆形，簇生于茎顶，叶面呈暗红色。圆锥花序，花白色或粉紫色。浆果球形。

　　我国南方广泛栽培。

　　色泽美丽，有极佳的观赏性，为优良的观赏花木。

叶枝

丛植景观

树形

小花龙血树

Dracaena cambodiana Pierre ex Gagnep.

　　龙舌兰科龙血树属常绿乔木，高达15 m；树干粗短；树皮灰白色，纵裂；树冠稍伞形。幼枝有环状叶痕。叶簇生于分生枝顶部，剑形或带形，长 30～50 cm，宽 1.2～1.5(4) cm，上部下垂，具锐尖头，基部稍窄抱茎，中脉不明显。花两性；圆锥花序多分枝；花黄色，长约 8 mm，3～5(10) 朵簇生于花序分枝上；花梗长 2～4 mm；花被筒状，长约 2 mm；裂片 6，披针形；雄蕊 6，较花被短。浆果球形，红色。花期 3～5 月；果期 7～8 月。

　　产于海南，生于海拔 950～1700 m 的石灰岩山地。喜暖热环境，耐旱，喜钙质土壤。

　　叶常绿，修长，为美丽的庭园及室内观叶树种。

叶枝

丛植景观

叶 枝

植 株

密叶竹蕉

Dracaena deremesis
'Compacta'

　　龙舌兰科龙血树属常绿灌木，为龙血树的栽培变种。叶密生于茎顶，广披针形，浓绿色，先端尖。花两性；穗状花序；花黄白色。浆果球形。

　　原产于我国与南亚热带地区。喜高温、高湿与半阴环境，适宜生长温度为22～28℃，生长缓慢，喜排水良好、富含腐殖质的土壤。

　　株形紧凑小巧，叶色翠绿，为优良的室内绿化装饰珍品。

果枝

树形

树皮

叶枝

龙血树

Dracaena draco L.

　　龙舌兰科龙血树属常绿乔木，高达6 m。稍有分枝，茎皮灰色，幼枝有环状叶痕。叶簇生于茎顶部，剑形，长40～60 cm，宽3～4 cm，深绿色。花两性；圆锥花序；花白色并带绿色；花被裂片6；雄蕊6，花丝丝状。浆果球形，橙色。花期3～5月；果期7～8月。

　　原产于加那利群岛、非洲热带和亚热带地区、亚洲与大洋洲之间的群岛。我国华南地区有栽培。喜光，喜高温多湿环境，不耐寒，喜疏松、排水良好、腐殖质丰富的土壤。

　　株形健美，叶片肥厚，形如宝剑，是上等的室内观叶植物；树干分泌树脂，称"血竭"，为伤科用药。

金心香龙血树 *Dracaena fragrans* 'Massangeana'

　　龙舌兰科龙血树属常绿灌木或小乔木，为香龙血树的栽培变种。高达6 m；茎干直立，幼枝有环状叶痕。叶集生于茎顶，厚纸质，宽条形或倒披针形，长40～90 cm，宽6～10cm，顶端稍钝，弯曲或弓形，中部有亮黄色宽纵条纹；叶缘鲜绿色，且具波浪状起伏，有光泽；叶无柄。花两性；圆锥花序顶生；花小，黄绿色，芳香。浆果球形。花期3～5月；果期6～8月。

　　原产于非洲热带地区。我国华南地区有栽培。喜光照充足、高温高湿环境，也耐阴、耐干燥，喜肥沃疏松、排水良好的土壤。

　　树干粗壮，叶片剑形，碧绿油光，生机盎然，是一种株形优美、规整的世界著名室内观叶植物。

植株

叶枝

花序枝

盆栽

金边香龙血树
Dracaena fragrans
'Victoria'

　　龙舌兰科龙血树属常绿灌木或小乔木，为香龙血树的栽培变种。茎干直立，高可达6m。幼枝有环状叶痕。叶密生于茎顶，厚纸质，长椭圆形或披针形，顶端稍钝，弯曲，叶片边缘具金黄色纵纹，中央为绿色。花两性；圆锥花序顶生；花小，白色或黄绿色，芳香。浆果球形。花期3～5月，果期6～8月。

　　原产于非洲热带地区。我国华南地区有栽培。喜光照充足、高温高湿环境，也耐阴、耐干燥，喜肥沃疏松、排水良好的土壤。

　　株形整齐，叶缘金黄，适宜盆栽，是室内观叶植物佳品。

植株

叶枝

叶 枝

盆 栽

丛植景观

植 株

五彩千年木

Dracaena marginata 'Tricolor'

龙舌兰科龙血树属常绿灌木，高可达 3 m；茎干小而直立。叶片细长，剑形，长 30～40 cm，宽不足 1 cm，叶面中间绿色，两旁有黄白色条纹，叶缘红色。花两性；圆锥花序；花瓣 6，白黄色或红紫色。浆果球形，熟时红色。花期 2～5 月。

原产于非洲热带、亚热带地区。我国华南有栽培。阳性植物，需强光，耐热，耐旱，忌积水，不耐阴，耐瘠薄土壤。

叶色彩艳丽，五彩缤纷，可作为小型或中型盆栽，是室内、案头、窗台陈设的观叶佳品；叶与根部能吸收二甲苯、甲苯、三氯乙烯、苯和甲醛，并将其分解为无毒物质，可以净化室内空气。

植株

富贵竹
Dracaena sanderiana Sander
ex Mast.

　　龙舌兰科龙血树属常绿亚灌木，植株细长，高 1.5～2.5 m。叶互生或近对生，纸质，长披针形，有 3～7 条明显主脉，浓绿色，具短柄。花两性；伞形花序；花被 6，花冠钟状，紫色。浆果球形，黑色。花期 3～5 月；果期 7～8 月。

　　原产于非洲西部喀麦隆。我国华南有栽培。喜高温多湿环境及疏松、排水良好、含腐殖质丰富的土壤。

　　富贵竹茎节貌似竹节却非竹，极富竹韵，叶子潇洒翠绿，中国有"花开富贵""竹报平安"的祝辞，故而人们喜爱其象征着"大吉大利"的寓意，为优良的观叶植物。

盆栽

造型景观

叶 枝

植 株

金边富贵竹
Dracaena sanderiana
'Celica'

　　龙舌兰科龙血树属常绿亚灌木，为富贵竹的栽培变种。植株细长。叶互生或近对生，纸质，长披针形，浓绿色，叶缘具黄绿色宽条纹斑，叶表面有黄绿色条纹斑。其他同富贵竹。

盆 栽

叶 枝

金边百合竹
Dracaena reflexa 'Variegata'

　　龙舌兰科龙血树属常绿灌木或小乔木，为百合竹的栽培变种。高6～9m；茎较细长，多分枝。叶通常较松散，螺旋状着生于枝顶部，剑形至狭披针形，长15～20cm，略反卷，叶中部有黄色条带，两边黄绿色，近革质，有光泽，基部呈鞘状，近无柄。花两性；花冠浅黄色至白色，长约2cm，裂片长为筒部长的4倍；花序常下弯，花于夜间开放，甜香。浆果亮红色。花期春季；果期初夏。

　　原产于非洲马达加斯加及毛里求斯。我国台湾、福建、广东等地有栽培。耐半阴，喜高温多湿环境，耐旱也耐湿，不耐寒。

　　株形优美，叶色奇特，是优良的观叶树种，宜于暖地庭园半阴处栽培或盆栽供观赏。

植 株

花序枝

盆 栽

酒瓶兰

Nolina recurvata (Lem.)
Hemsl.

龙舌兰科酒瓶兰属常绿小乔木，植株细长，在原产地高可达 10 m；地下根肉质，茎干直立，下部肥大，状似酒瓶，膨大茎干具有木栓层的树皮，呈灰白色或褐色，老株表皮龟裂状似龟甲。叶着生于茎顶端，细长线形，革质，下垂，长 80～150 cm，宽约 2 cm，叶缘具细锯齿。花两性，圆锥花序顶生，花黄白色。浆果球形。花期春季。

原产于墨西哥的干热地区。我国长江流域广泛栽培。喜光，喜温暖湿润环境，耐寒，耐旱，喜疏松、肥沃沙壤土。

茎形奇特，叶片细长，飘逸下垂，具有浓厚的热带气息，成株适合庭园栽植，幼株适合室内盆栽供观赏，是室内外美化环境的珍贵植物。

树 形

叶 枝

参 考 文 献

[1] 中国科学院植物研究所. 中国高等植物图鉴: 第二册 [M]. 北京: 科学出版社, 1972.

[2] 中国科学院植物研究所. 中国高等植物图鉴: 第三册 [M]. 北京: 科学出版社, 1974.

[3] 中国科学院植物研究所. 中国高等植物图鉴: 第四册 [M]. 北京: 科学出版社, 1975.

[4] 中国科学院植物研究所. 中国高等植物图鉴: 第五册 [M]. 北京: 科学出版社, 1976.

[5] 中国科学院中国植物志编辑委员会. 中国植物志: 第八卷 [M]. 北京: 科学出版社, 1992.

[6] 中国科学院中国植物志编辑委员会. 中国植物志: 第九卷第一分册 [M]. 北京: 科学出版社, 1996.

[7] 中国科学院中国植物志编辑委员会. 中国植物志: 第十三卷第一分册 [M]. 北京: 科学出版社, 1991.

[8] 中国科学院中国植物志编辑委员会. 中国植物志: 第五十卷第一分册 [M]. 北京: 科学出版社, 1998.

[9] 中国科学院中国植物志编辑委员会. 中国植物志: 第五十二卷第一分册 [M]. 北京: 科学出版社, 1999.

[10] 中国科学院中国植物志编辑委员会. 中国植物志: 第五十三卷第一分册 [M]. 北京: 科学出版社, 1984.

[11] 中国科学院中国植物志编辑委员会. 中国植物志: 第五十四卷 [M]. 北京: 科学出版社, 1978.

[12] 中国科学院中国植物志编辑委员会. 中国植物志: 第五十六卷 [M]. 北京: 科学出版社, 1990.

[13] 中国科学院中国植物志编辑委员会. 中国植物志: 第五十八卷 [M]. 北京: 科学出版社, 1979.

[14] 中国科学院中国植物志编辑委员会. 中国植物志: 第六十卷第一分册 [M]. 北京: 科学出版社, 1987.

[15] 中国科学院中国植物志编辑委员会. 中国植物志: 第六十一卷 [M]. 北京: 科学出版社, 1992.

[16] 中国科学院中国植物志编辑委员会. 中国植物志: 第六十三卷 [M]. 北京: 科学出版社, 1977.

[17] 中国科学院中国植物志编辑委员会. 中国植物志: 第六十五卷第一分册 [M]. 北京: 科学出版社, 1982.

[18] 中国科学院中国植物志编辑委员会. 中国植物志: 第六十七卷第二分册 [M]. 北京: 科学出版社, 1979.

[19] 中国科学院中国植物志编辑委员会. 中国植物志: 第六十九卷 [M]. 北京: 科学出版社, 1990.

[20] 中国科学院中国植物志编辑委员会. 中国植物志: 第七十卷 [M]. 北京: 科学出版社, 2002.

[21] 中国科学院中国植物志编辑委员会. 中国植物志: 第七十一卷第一分册 [M]. 北京: 科学出版社, 1998.

[22] 中国科学院中国植物志编辑委员会. 中国植物志：第七十二卷 [M]. 北京：科学出版社，1988.

[23] 郑万钧. 中国树木志：第三卷 [M]. 北京：中国林业出版社，1997.

[24] 郑万钧. 中国树木志：第四卷 [M]. 北京：中国林业出版社，2004.

[25] 华北树木志编写组. 华北树木志 [M]. 北京：中国林业出版社，1984.

[26] 汉拉英中国木本植物名录编委会. 汉拉英中国木本植物名录 [M]. 北京：中国林业出版社，2003.

[27] 张天麟. 园林树木 1600 种 [M]. 北京：中国建筑工业出版社，2010.

[28] 河北植物志编辑委员会. 河北植物志：第二卷 [M]. 石家庄：河北科学技术出版社，1989.

[29] 河北植物志编辑委员会. 河北植物志：第三卷 [M]. 石家庄：河北科学技术出版社，1991.

[30] 孙立元，任宪威. 河北树木志 [M]. 北京：中国林业出版社，1997.

[31] 赵田泽，纪殿荣，杨利平. 中国花卉原色图鉴（II）[M]. 哈尔滨：东北林业大学出版社，2010.

[32] 赵田泽，纪殿荣，刘冬云. 中国花卉原色图鉴（III）[M]. 哈尔滨：东北林业大学出版社，2010.

[33] 孟庆武，纪殿荣，郑建伟. 图说千种树木 5[M]. 北京：中国农业出版社，2013.

[34] 孟庆武，纪殿荣，黄大庄. 图说千种树木 6[M]. 北京：中国农业出版社，2014.

[35] 陈植. 观赏树木学 [M]. 北京：中国林业出版社，1984.

[36] 楼炉焕. 观赏树木学 [M]. 北京：中国农业出版社，2000.

[37] 陈有民. 园林树木学 [M]. 北京：中国林业出版社，2011.

[38] 金波. 世界名花鉴赏图谱 [M]. 郑州：河南科学技术出版社，2005.

[39] 刘海桑. 观赏棕榈 [M]. 北京：中国林业出版社，2002.

[40] 徐晔春. 观叶观果植物 1000 种经典图鉴 [M]. 长春：吉林科学技术出版社，2009.

[41] 徐晔春. 观花植物 1000 种经典图鉴 [M]. 长春：吉林科学技术出版社，2009.

[42] 刘与明，黄全能. 园林植物 1000 种 [M]. 福州：福建科学技术出版社，2011.

[43] 李作文，刘家帧. 园林彩叶植物的选择与应用 [M]. 沈阳：辽宁科学技术出版社，2010.

[44] 张籍香. 兴隆热带植物园植物资源 [M]. 北京：中国农业出版社，2011.

中文名称索引

拉 丁 文 名 称 索 引